"十四五"职业教育国家规划教材

服装类专业课程改革成果教材

服装材料（第二版）

主编 于丽娟
执行主编 沈雁

高等教育出版社·北京

内容简介

本书是"十四五"职业教育国家规划教材。

本书从学生已知的服装材料基本性能和基本风格开始,介绍了纤维原料、纱线结构、织物组织等相关知识,重点介绍了常见服装品种的适用面料和辅料配置方法,同时还介绍了服装材料的加工特性与洗护方法,从人才培养的实际需求出发,强调专业技能训练和学生实际操作能力的培养。

此外,本书配有Abook资源、大量服装材料图片以及成衣图片,进行形象化地辅助说明,以利于学生直观感性地认识与学习掌握。

本书可作为中等职业学校服装类专业教材,也可作为服装岗位培训教材,还可作为服装从业人员、服装爱好者的参考用书。

图书在版编目（CIP）数据

服装材料 / 于丽娟主编. -- 2版. -- 北京：高等教育出版社，2022.2（2024.9重印）
ISBN 978-7-04-057804-1

Ⅰ. ①服… Ⅱ. ①于… Ⅲ. ①服装-材料-中等专业学校-教材 Ⅳ. ①TS941.15

中国版本图书馆CIP数据核字(2022)第019221号

服装材料（第二版）
Fuzhuang Cailiao

策划编辑	皇 源	责任编辑	皇 源	封面设计	李小璐	版式设计	于 婕
责任校对	刘俊艳	责任印制	赵 佳				

出版发行	高等教育出版社	网　址	http://www.hep.edu.cn
社　址	北京市西城区德外大街4号		http://www.hep.com.cn
邮政编码	100120	网上订购	http://www.hepmall.com.cn
印　刷	人卫印务（北京）有限公司		http://www.hepmall.com
开　本	889 mm×1194 mm　1/16		http://www.hepmall.cn
印　张	10.75	版　次	2010年8月第1版
字　数	210千字		2022年2月第2版
购书热线	010-58581118	印　次	2024年9月第6次印刷
咨询电话	400-810-0598	定　价	28.00元

本书如有缺页、倒页、脱页等质量问题,请到所购图书销售部门联系调换
版权所有　侵权必究
物　料　号　57804-A0

编写说明

2006年,浙江省政府召开全省职业教育工作会议并下发《省政府关于大力推进职业教育改革与发展的意见》。该意见指出,"为加大对职业教育的扶持力度,重点解决我省职业教育目前存在的突出问题",决定实施"浙江省职业教育六项行动计划"。2007年年初,作为"浙江省职业教育六项行动计划"项目的浙江省中等职业教育专业课程改革研究正式启动并成立了课题组,课题组用5年左右时间,分阶段对约30个专业的课程进行改革,初步形成能与现代产业和行业进步相适应的体现浙江特色的课程标准和课程结构,满足社会对中等职业教育的需要。

专业课程改革亟待改变原有以学科为主线的课程模式,尝试构建以岗位能力为本位的专业课程新体系,促进职业教育的内涵发展。基于此,课题组本着积极稳妥、科学谨慎、务实创新的原则,对相关行业企业的人才结构现状、专业发展趋势、人才需求状况、职业岗位群对知识技能要求等方面进行系统的调研,在庞大的数据中梳理出共性问题,在把握行业、企业的人才需求与职业学校的培养现状,掌握国内中等职业学校本专业人才培养动态的基础上,最终确立了"以核心技能培养为专业课程改革主旨、以核心课程开发为专业教材建设主体、以教学项目设计为专业教学改革重点"的浙江省中等职业教育专业课程改革新思路,并着力构建"核心课程+教学项目"的专业课程新模式。这项研究得到由教育部职业技术中心研究所、中央教育科学研究所和华东师范大学职业教育研究所等专家组成的鉴定组的高度肯定,认为课题研究"取得的成果创新性强、操作性强,已达到国内同类研究领先水平"。

依据本课题研究形成的课程理念及"核心课程+教学项目"的专业课程新模式,课题组邀请了行业专家、高校专家以及一线骨干教师组成教材编写组,根据先期形成的教学指导方案着手编写本套教材,几经论证、修改,现付梓。

由于时间紧、任务重,教材中定有不足之处,敬请提出宝贵的意见和建议,以求不断改进和完善。

浙江省教育厅职成教教研室

2009年4月

第二版前言

本书以全面贯彻党的教育方针,落实立德树人根本任务为核心,突出"项目引领、任务驱动"的课改要求,以项目和任务的形式,从学生将来的就业环境和岗位入手,培养满足我国新时代高质量发展要求的服装行业人才。

服装材料是中职服装专业核心课程之一,本书依据专业教学课程新模式编写,打破了传统重理论轻实践的服装材料知识体系,加强服装材料知识与服装设计、服装制板、服装工艺之间的关联性,注重理论联系实际,注重学生专业知识的积累与实践运用能力的培养。

本书分为7个项目,分别是初识服装面料、休闲装面辅料运用、正装面辅料运用、童装面辅料运用、运动装面辅料运用、服装材料与服装企业管理、服装洗涤与维护,每个项目分成若干任务,均以案例形式导入。

本书设置"知识卡""知识链接"和"小花絮"三个栏目,学生的学习侧重点各不相同。"知识卡"是学生必须掌握的重要理论知识点;"知识链接"是服装材料知识的延伸与扩展;"小花絮"是介绍与服装材料相关的一些奇闻趣事,旨在提高学生的学习兴趣。

本书项目一、二、三、六、七由柯桥区职业教育中心沈雁编写,项目五由湖州艺术与设计学校韩春丽编写,项目四由湖州艺术与设计学校陆佳编写。感谢倪丽丽老师提供的高清纤维图片,感谢蝶讯网提供的大量高清成衣图片。

服装材料学习分配表(供参考)

教学项目	任务	建议学时	讲授	实训
项目一 初识服装面料	任务一 服装面料基本性能认识	3	2	1
	任务二 服装面料基本风格认识	3	2	1
项目二 休闲装面辅料运用	任务一 认识休闲装	2	1.5	0.5
	任务二 褶裙面辅料运用	2	1.5	0.5
	任务三 衬衫面辅料运用	2	1.5	0.5
	任务四 牛仔服装面辅料运用	2	1.5	0.5
	任务五 风衣面辅料运用	2	1.5	0.5
	任务六 大衣面辅料运用	2	1.5	0.5

续表

教学项目	任务	建议学时	讲授	实训
项目三　正装面辅料运用	任务一　认识正装	2	1.5	0.5
	任务二　西服面辅料运用	2	1.5	0.5
	任务三　礼服面辅料运用	2	1.5	0.5
项目四　童装面辅料运用	任务一　认识童装	2	1.5	0.5
	任务二　家居内衣类童装面辅料运用	2	1.5	0.5
	任务三　童装外服面辅料运用	2	1.5	0.5
项目五　运动装面辅料运用	任务一　认识运动装	1	1	0
	任务二　体操服面辅料运用	1	1	0
	任务三　登山服面辅料运用	1	1	0
	任务四　运动卫衣面辅料运用	1	1	0
项目六　服装材料与服装企业管理	任务一　服装面料规格测定	2	1	1
	任务二　服装面料与服装设计	2	1	1
	任务三　服装面料与裁剪工艺	2	2	0
	任务四　服装面料与缝制工艺	2	2	0
	任务五　服装面料与熨烫工艺	2	2	0
项目七　服装洗涤与维护	任务一　服装标志中的学问	2	1.5	0.5
	任务二　常见纤维类服装洗涤标志	1	0.5	0.5
	任务三　服装日常维护	1	1	0
总计		48	37	11

编　者

2022 年 11 月

第一版前言

服装材料、服装色彩和服装款式是构成服装的三要素。其中,服装色彩由服装材料来体现,服装款式依靠服装材料的性能来保证。因此,在服装设计与制作中,必须合理选择服装材料,充分考虑服装材料的特性,才能设计、生产出舒适美观合体的服装。随着社会进步和经济发展,人们不仅对服装的个性化、新颖化要求越来越高,而且对服装的安全性、舒适性、易管理性、耐用性等要求也越来越高。因此,服装材料这门学科也越来越受到重视,目前已成为服装专业必修的课程。

为了适应职业技术教育的发展,满足职业教育对人才规格培养的要求,更好地在服装专业中开展服装材料的教学,在以能力培养为本位、以就业为导向、以项目教学为目标的课改理念的指导下,我们组织部分教师编写了《服装材料》教材。本书采用循序渐进、深入浅出的方式,力图兼顾理论性与实用性,注重理论知识与感性知识的有机结合;采用了大量图片介绍服装面辅料知识,使读者对服装材料的认识更加直观、感性;同时重点介绍了服装材料的应用,具有实用性,适应职业教育的要求和规律。

本书可作为职业院校服装类专业的教材,也可供服装设计人员、服装技术人员等从事服装专业的人员阅读和参考。

本书由王利君任主编,许宝良、陈炜任副主编。第一章由王利君、陈炜编写,第二章由马凌峰编写,第三章由王利君、陈炜和孙红云编写,第四章由陈炜编写,第五章由马凌峰、王利君和陈炜编写,第六章由陈炜、孙红云、马凌峰编写,附录由陈炜、马凌峰编写。全书由王利君统稿、校稿。

本书编写中,参考和引用了国内外的大量文献资料,谨此一并表示感谢。

限于编者水平,难免存在疏漏和错误之处,恳请专家和读者批评指正,以便进一步修改完善。读者意见反馈邮箱:zz_dzyj@pub.hep.cn。

编 者
2010年5月

目　录

项目一　初识服装面料 ··· 1
　任务一　服装面料基本性能认识 ··· 2
　任务二　服装面料基本风格认识 ··· 9

项目二　休闲装面辅料运用 ·· 16
　任务一　认识休闲装 ·· 17
　任务二　褶裙面辅料运用 ·· 22
　任务三　衬衫面辅料运用 ·· 29
　任务四　牛仔服装面辅料运用 ··· 34
　任务五　风衣面辅料运用 ·· 38
　任务六　大衣面辅料运用 ·· 43

项目三　正装面辅料运用 ·· 48
　任务一　认识正装 ··· 49
　任务二　西服面辅料运用 ·· 53
　任务三　礼服面辅料运用 ·· 59

项目四　童装面辅料运用 ·· 68
　任务一　认识童装 ··· 69
　任务二　家居内衣类童装面辅料运用 ································ 74
　任务三　童装外服面辅料运用 ··· 79

项目五　运动装面辅料运用 ·· 86
　任务一　认识运动装 ·· 87
　任务二　体操服面辅料运用 ·· 94

任务三　登山服面辅料运用……………………………………………………… 101
　　任务四　运动卫衣面辅料运用……………………………………………………… 107

项目六　服装材料与服装企业管理…………………………………………………… 111
　　任务一　服装面料规格测定………………………………………………………… 112
　　任务二　服装面料与服装设计……………………………………………………… 117
　　任务三　服装面料与裁剪工艺……………………………………………………… 122
　　任务四　服装面料与缝制工艺……………………………………………………… 131
　　任务五　服装面料与熨烫工艺……………………………………………………… 135

项目七　服装洗涤与维护……………………………………………………………… 139
　　任务一　服装标志中的学问………………………………………………………… 140
　　任务二　常见纤维类服装洗涤标志………………………………………………… 147
　　任务三　服装日常维护……………………………………………………………… 153

本书知识点……………………………………………………………………………… 156

参考文献………………………………………………………………………………… 158

项目一 初识服装面料

【项目概述】

服装材料包括服装面料和服装辅料两大类,其中服装面料是构成服装的主体。

作为服装三要素(材料、色彩、款式)之一,服装材料形态各异,种类繁多,拥有各自独特的风格,并能直接决定其他两个要素(色彩、款式)的表现效果。掌握服装材料,尤其是服装面料的性能特点与风格特征,能为学习服装设计、服装制板和服装工艺打下扎实的基础。

本项目包括两个任务,分别是服装面料基本性能认识和服装面料基本风格认识。

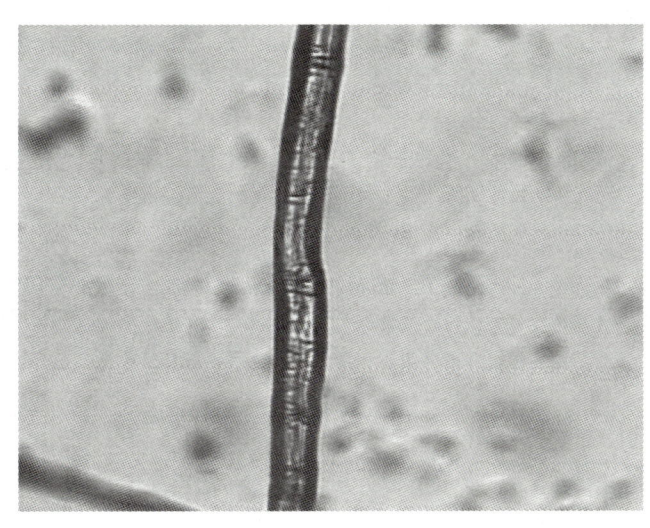

任务一　服装面料基本性能认识

任务目标

通过触觉感知和分辨服装面料的基本性能。

任务导入

小筱同学进入天锦服饰公司实习,踏上了她人生中的第一个岗位——设计师助理。这个岗位主要是协助设计师的工作,根据设计图稿进行面料和辅料的选择与搭配。

通过对各种各样服装面料的触摸,小筱觉得,服装面料各具特色,有的服装面料非常光滑,有的比较粗糙;有的服装面料触摸有温暖感或冷感;还有的服装面料能带来柔软或硬挺、紧实或松散、厚重或轻薄、易皱或不易皱等各种手感。通过进一步的探究,小筱发现,以上这些特点主要是通过人体感觉器官对服装面料产生的综合评价。那么面料的多样性是如何产生的呢？决定因素是纤维性能,另外也受纱线结构、织物组织结构、织物后整理等因素影响。

辨一辨

准备至少六种不同的面料样品,通过摸、抓、捏、揉等动作,感受它们的性能特点,并填入表1-1。

表1-1　面料性能特点记录表

面料小样粘贴	A	B	C	D	E	F
光滑/粗糙						
温感/冷感						
柔软/硬挺						
紧实/蓬松						
厚重/轻薄						
易皱/不易皱						
其他						

学一学

一、纺织纤维的加工过程

二、纺织纤维的种类

纺织纤维通常以其来源和基本组成分类,见图1-1。

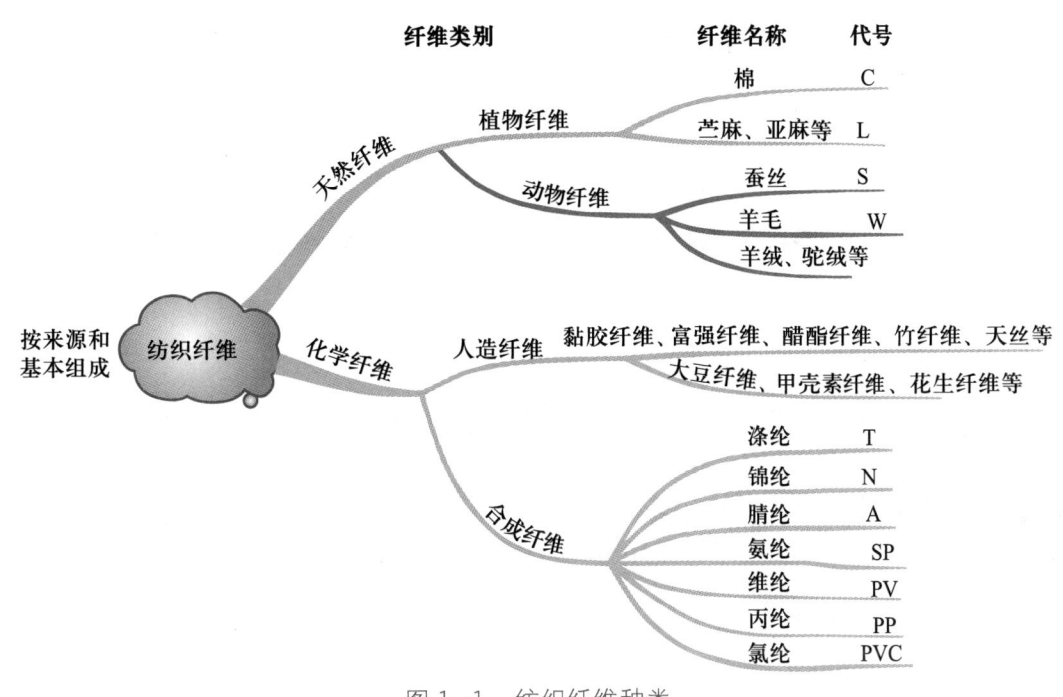

图1-1 纺织纤维种类

三、常见的天然纤维

1. 植物纤维

植物纤维是从植物的根、茎、叶、果实等处获得的纤维。

(1) 棉纤维。棉纤维是服装用主要纤维材料,我国是细绒棉的主产区,比细绒棉品质更为优良的是长绒棉,纤维更细更长。

棉纤维光泽柔和,极易染色,但也容易褪色。棉纤维是亲水性纤维,具有良好的吸湿透气性,穿着舒适柔软不易产生静电。棉纤维耐碱不耐酸,适用绝大部分洗涤剂。棉纤维抗皱性差,织物后整理时可使用含甲醛助剂、液氨等整理,以提高抗皱能力。另外,含甲醛助剂对提高棉织物色牢度也有帮助(图1-2)。

(2)麻纤维。服用麻纤维主要品种有苎麻和亚麻,均具有天然的抑菌功能,因此,麻织物不易霉变。目前新开发的罗布麻、大麻和汉麻等品种还能被制作成抑菌型保健用品,具有极大的发展空间。

麻纤维光泽较好,但不易染色,染色后色调较灰暗,吸湿透气性优于棉纤维,手感粗糙硬挺,出汗后不贴身,穿着凉爽(图1-3)。

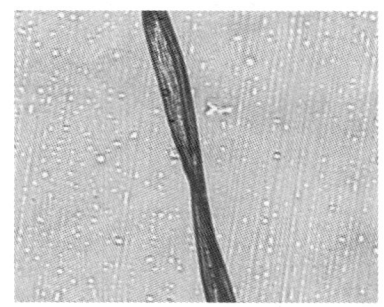 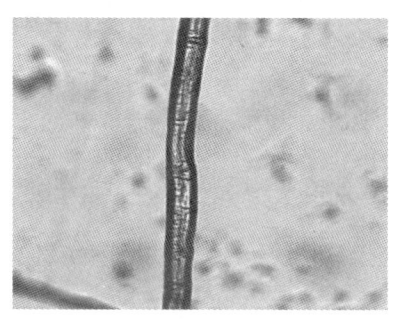

图1-2 棉纤维(放大10倍)　　图1-3 麻纤维(放大10倍)

2. 动物纤维

(1)毛纤维。狭义的毛纤维特指绵羊毛,澳大利亚产的美利奴绵羊毛是世界上品质最优良的品种。

毛纤维外观蓬松卷曲,保暖性好,触摸有温暖感,光泽柔和自然,染色性好,颜色鲜艳。毛纤维耐酸不耐碱,洗涤时应选择中性洗涤剂,避免破坏羊毛结构,从而导致褪色或发黄发脆(图1-4)。

(2)丝纤维。狭义的丝纤维特指桑蚕丝,除此之外还有柞蚕丝、蓖麻蚕丝等野生品种。

桑蚕丝光泽较好,被誉为"纤维皇后",染色性好,颜色鲜艳,吸湿透气性好,非常柔软,既有凉爽的触感,又有良好的保暖性。丝纤维同样耐酸不耐碱,接触碱性物质易褪色、强度降低、脆化易断(图1-5)。

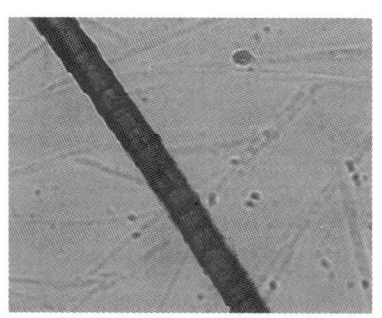 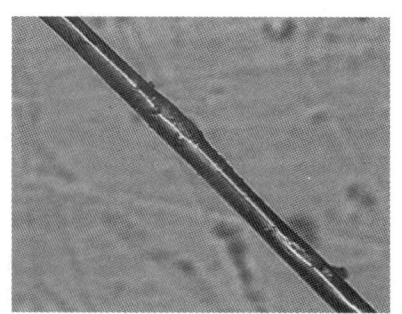

图1-4 毛纤维(放大20倍)　　图1-5 丝纤维(放大20倍)

(3)山羊绒。通常简称为羊绒,光泽非常好,手感柔软滑润,保暖性比羊毛好,具有细腻、轻盈、保暖等优点,是名副其实的"纤维之王"。

知识卡——抗皱性、弹性与保型性

纤维的抗皱性与弹性取决于纤维本身的性质。

抗皱性指的是纤维或织物抵抗变形的能力。弹性指的是纤维或织物变形后的回复能力,分为可以回复的弹性变形和不可回复的塑性变形两种。去除后能立即回复原状的变形称为急弹性变形;经过一段时间能逐渐回复的变形称为缓弹性变形。

四大天然纤维中,麻纤维的抗皱性最好,但是弹性最差,即麻型面料虽然抗皱性好,但是一旦折皱之后无法自然回复,因此麻型面料的保型性最差,麻型面料服装看上去总是皱巴巴的。反之,毛纤维的抗皱性最差,但是弹性非常好,产生的折皱能够缓慢回复,因此毛型面料的保型性最好,毛型面料服装非常挺括。

为提高棉麻织物的保型性,可与弹性好的纤维,如氨纶、锦纶、涤纶等混纺、交织。

四、常见的化学纤维

1. 人造(再生)纤维

(1) 黏胶纤维。黏胶纤维是人造纤维中应用最广泛的纤维之一,手感柔软,染色性好,颜色鲜艳,吸湿透气性优于棉纤维,缺点是湿态强度低,弹性差,耐用性差。

(2) 天丝。天丝即莱赛尔纤维(Lyocell),商品名为 Tencel。生产天丝所用的原料可以回收利用,对环境无污染,是 21 世纪的环保绿色纤维。天丝的吸湿透气性好,抗静电,强度高,光泽自然,颜色鲜艳,手感柔软,悬垂性好。天丝适用范围广,几乎可以涵盖纺织各个领域,无论是棉、麻、毛、丝型产品,还是针织或机织领域都可以生产出优质高档的产品。

(3) 竹纤维。竹纤维是以竹子为原料的再生纤维素纤维。竹纤维手感柔软滑爽,染色性好,有韧性,具有良好的吸、放湿性能,夏季穿着感觉特别清凉。竹纤维是一种可降解的纤维,对环境不会造成损害,是理想的环保材料。竹纤维还具有天然抗菌、抑菌、防臭、抗紫外线等功能,是一种保健型纤维。

2. 合成纤维

(1) 涤纶。涤纶是目前化学纤维中产量最大的品种,具有良好的抗皱性和弹性,强度大,耐用性好,易洗快干,可仿棉、麻、毛、丝等纤维的手感和外观;缺点是易产生静电,吸湿透气性差,穿着舒适性差。

(2) 锦纶。锦纶俗称"尼龙",强度与耐磨性是所有纤维中最好的。由于锦纶质轻、强度高、耐用性好等优点,适于制作羽绒服、袜子、箱包、降落伞等;缺点是易产生静电,穿着不透气。锦纶也可与棉纤维混纺,提高棉制服装的耐磨性与弹性。

(3) 腈纶。由于腈纶蓬松、保暖,性能与羊毛相似,被称为"合成羊毛",适用于制作毛线、毛毯和粗纺呢绒,或与羊毛纤维混纺。最突出的优点是耐日光性好,长时间曝晒不影响纤维强度,适用于制作窗帘布。

(4) 氨纶。氨纶具有超强的弹性及快速的回复性,又称弹力纤维或弹性纤维,大多与其他纤维以包芯纱或合股形式出现,尽管含量一般小于5%,但能大大改善织物的弹性和抗皱性。

(5) 维纶。维纶外观洁白,手感柔软,且吸湿性比其他合成纤维好,因而可用作天然棉花的代用品,或与棉纤维混纺,但在日常服装中应用较少。

(6) 丙纶。丙纶比水轻,强度极高,弹性和耐磨性好,耐光性差,一般用于织造工业用织物,如滤布、绳索、装饰布等。

(7) 氯纶。氯纶是塑料雨披、塑料鞋的原料,另外可以制作防燃布、耐化学药剂工作服,以及治疗风湿性关节炎的内衣、护膝等。

知识卡——短纤维与长丝

纤维按长度可分为短纤维与长丝,如天然纤维中的棉、麻、毛均是短纤维;只有丝是长丝。化学纤维的长度可人为控制,不经切断的是长丝,切断后形成短纤维。

化学纤维切断后根据其长度、粗细,可分为棉型纤维、毛型纤维和中长纤维。如棉型纤维常与棉混纺或纯纺,毛型纤维常与毛混纺或纯纺。

同一种化学纤维,短纤维与长丝的命名均不相同,不能混淆,详见表1-2。

表1-2 化学纤维中短纤维与长丝的命名

人造纤维			合成纤维		
品种	短纤维	长丝	品种	短纤维	长丝
黏胶纤维	黏纤	黏胶丝 人造丝 人丝	涤纶纤维	涤纶	涤纶丝 涤丝
富强纤维	富纤	富丝	锦纶纤维	锦纶	锦纶丝
醋酯纤维	醋纤	醋丝	腈纶纤维	腈纶	腈纶丝

做一做

一、手感目测法鉴别纤维

手感目测法通过看、摸、捏、听等方式直接感知纤维的长度、粗细、卷曲,以及面料的色泽、弹性、强度、刚柔性等特性,是用经验判断纤维种类的方法。这种方法不需要借助仪器,非常方便,但需要操作者具有丰富的经验。表1-3是常见纤维的外观特征。

表 1-3 常见纤维长度与外观

纤维	纤维长度	纤维外观
棉	短或长短不一	细软
麻	较长	粗且直,有光泽
丝	很长	细,有光泽
毛	较长	卷曲
合成纤维	长短一致	—

二、燃烧法鉴别纤维

纤维种类不同,燃烧特征也各不相同。燃烧法是一种比较可靠且操作简便的纤维鉴别方法,最适于分辨天然纤维与合成纤维,但很难鉴别混纺面料的纤维种类。

燃烧法操作步骤:①抽取几根经纱或纬纱,用镊子夹住;②靠近火焰;③接触火焰;④离开火焰。在每个步骤中观察纤维的燃烧速度、火焰颜色、散发气味、烟和灰烬等。表 1-4 是常见纤维的燃烧特征。

表 1-4 常见纤维的燃烧特征

纤维名称	靠近火焰	接触火焰	离开火焰	气味	灰烬
棉、麻、黏胶	不缩不熔	迅速燃烧	继续燃烧	烧纸味	灰白色,手触成粉末
羊毛、蚕丝	收缩	逐渐燃烧	缓慢燃烧,会熄灭	烧毛发味	松脆黑灰
涤纶	收缩熔融	熔融燃烧有黑烟	继续燃烧,会熄灭	特殊芳香味	黑色玻璃,硬珠,不易压碎
锦纶	收缩熔融	熔融燃烧	继续燃烧,会熄灭	芹菜味	坚硬,浅褐色,圆珠状
腈纶	收缩熔融	熔融燃烧	继续燃烧	辛辣味	不规则黑褐色硬块,易碎

练一练

1. 任选几种面料,指出该面料所具有的性能特点。

2. 自己动手制作一个面料采集本,并收集一些性能各异的面料,每种面料剪成 7 cm×5 cm 两块,一正一反粘贴。

评一评

项目与标准		☺	😐	☹
课前准备	准备充分			
上课	认真思考，积极发表见解			
课后作业	保质保量，按时独立完成			
掌握情况	理解并掌握相关知识点			

任务二　服装面料基本风格认识

任务目标
通过视觉,能感知和分辨服装面料的风格特征。

任务导入
在工作过程中,小筱还发现,每一种服装面料都具有独特的风格特征,它们主要是通过人的视觉产生的,包括粗犷与细腻、明亮与暗淡、平整与凹凸、紧密与疏松、厚实与透明等,而这些风格特征受到纤维性能、纱线结构、织物组织结构、织物后整理等因素影响。

辨一辨

准备至少六种不同的面料样品,或观察图1-6,感知和分辨它们的风格特征,并填入表1-5。

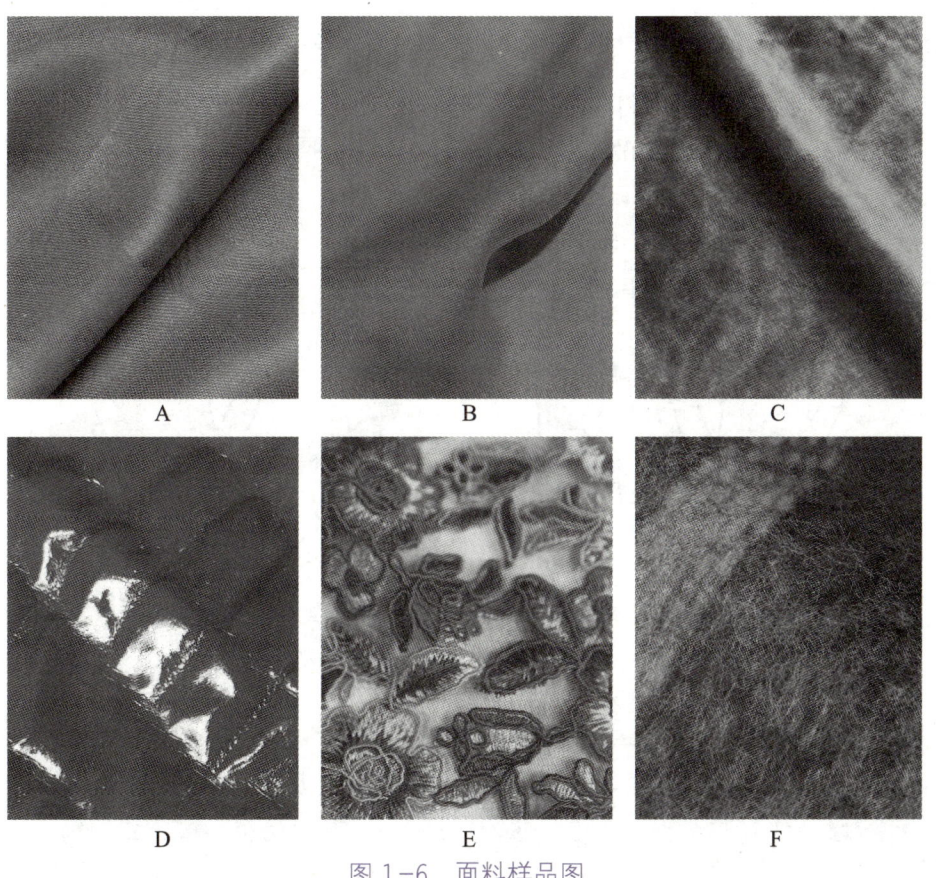

图1-6　面料样品图

表 1-5　面料风格特征记录表

面料小样粘贴	A	B	C	D	E	F
粗犷/细腻						
明亮/暗淡						
平整/凹凸						
紧密/疏松						
厚实/透明						
其他						

一、纱线

所谓纱线，实际上是"纱"和"线"的统称。纱即单纱，两股或两股以上单纱合并后成为股线。

1. 纱线的加捻

（1）加捻与捻度。加捻是短纤维纺成长纱线的必要手段，也是衡量纱线性能的重要指标。捻度指纱线在单位长度内的回转圈数，主要使用"捻/10 cm""捻/英寸"单位。

（2）纱线的捻向。加捻是有方向的，称为捻向，分为 Z 捻和 S 捻两种，见图 1-7。将纱线进行逆时针方向加捻，形成 Z 捻，也称为左捻或左手捻；反之，将纱线进行顺时针方向加捻，形成 S 捻，也称为右捻或右手捻。

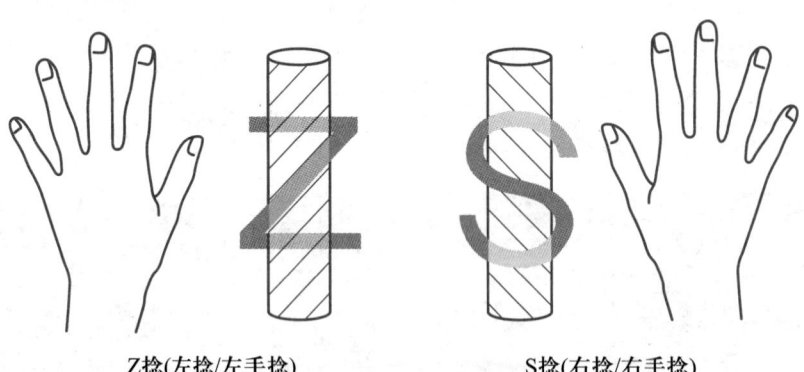

Z捻(左捻/左手捻)　　　　S捻(右捻/右手捻)

图 1-7　捻向示意图

由单纱捻合成股线后，股线的加捻方向代表的字母添加在单纱捻向代表的字母的后面，如"ZS"表示单纱的加捻方向为 Z 捻，捻合成股线时使用的加捻方向为 S 捻。

（3）加捻对面料性能和风格的影响。纱线捻度较小，强度较低，表面毛羽多，光泽度差，织成面料易勾丝、起毛起球，导致面料耐用性差；优点是纱线柔软，面料手感舒适，如起绒类面料的纱线捻度略小。

随着纱线捻度的增大,纱线强度逐渐增大,且手感变硬。如挺括型面料织造时,经纬纱捻度大于柔软型面料的经纬纱捻度。但当超过一定程度之后,反而会损害纱线强度。

知识链接——捻向配置对织物风格的影响

不同的捻向配置可得到多种织物风格。平纹组织的经纬纱捻向不同时,织物表面捻向倾斜方向几乎一致,反光一致,光泽较好。且经纬纱接触面倾斜方向几乎垂直,经纬纱不会嵌合穿插,织物松厚柔软,见图1-8(虚线表示经纱反面倾斜方向)。右斜纹组织当经纱采用S捻、纬纱采用Z捻时,由于经纬纱的捻向与织物斜纹方向几乎垂直,斜纹纹路更加清晰立体,见图1-9。

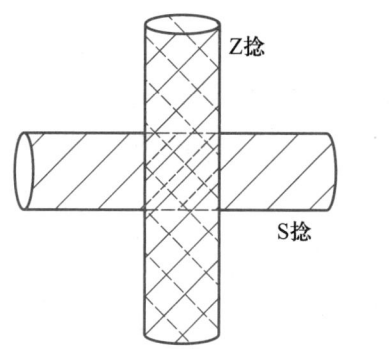

图1-8 经纬纱不同捻向配置　　图1-9 右斜纹面料捻向配置

当不同捻向纱线按一定规律间隔排列时,织物可产生隐条隐格效应,如牙签条花呢,见图1-10;当捻度大小不等的纱线共同构成织物时,表面还可产生波纹效应,如交织型双绉面料,见图1-11。

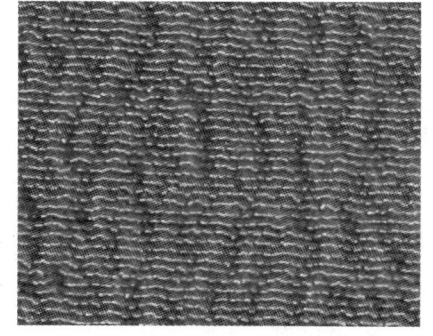

图1-10 牙签条面料隐条效应　　图1-11 交织型双绉面料波纹效应

2. 纱线的细度

(1)纱线细度表示方法。由于纱线表面有毛羽,截面形状不规则,无法进行实际测量,一般采用间接指标来表示纱线的粗细程度,这个指标就是细度,有定长制和定重制两种表示方法,见图1-12。

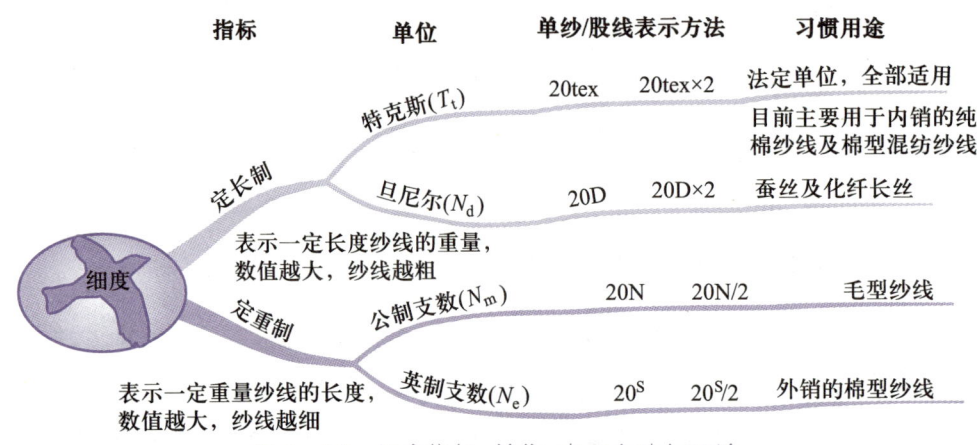

图1-12 细度指标、单位、表示方法与用途

(2) 纱线细度对面料性能和风格的影响。纱线细度不仅影响服装面料的厚薄、重量,对外观风格和性能也造成一定的影响。纱线越细,织造的服装面料越轻薄,手感越细腻柔软。如超细纤维织成的面料极为柔软,具有真丝般高雅光泽,并有良好的吸湿性和透湿性,以及较好的悬垂性和丰满度,可用于制作酷似真皮的仿麂皮绒、除污效果极好又不会损伤擦拭物的镜面清洁布等。反之,粗纱线能够织造出厚实、粗犷、硬挺风格的面料,如粗花呢、欧根纱等。

3. 纱线的种类(按纱线原料分)

(1) 纯纺纱。只有一种纤维原料纺成的纱线,如纯棉纱、纯毛纱,适宜制作纯纺织物。

(2) 混纺纱。由两种或两种以上纤维原料混合后纺成的纱线,能够降低纱线成本或使纤维性能得到互补。如一定比例的涤纶与棉纤维混纺纱,既有涤纶纤维良好的抗皱性能,又有棉纤维舒适的服用性能。混纺纱的命名原则是:占比大的纤维名称靠前,如65%涤纶与35%棉纤维混纺,命名为涤棉混纺纱;混纺比例相同的情况下,按天然纤维、合成纤维、再生纤维的顺序排列,如50%黏胶和50%羊毛混纺,命名为毛黏混纺纱。

二、织物

织物是指由纺织纤维或纱线经过织造工艺或其他加工方法形成的片状物体。

1. 织物的分类

织物是由纺织纤维或纱线制成的,按其制成方法可分为机织物、针织物和非织造织物。

机织物也称为梭织物,是由经纬两个系统的纤维或纱线相互交织而成的织物。

针织物是由纤维或纱线相互串套而成的织物。

非织造织物是以纺织纤维为原料,不经过纱线,直接通过化学、机械方法加工而成的织物。

2. 机织物组织

(1) 机织物组织种类。机织物组织有原组织、变化组织、联合组织、复杂组织、提花组织等,其中最基本的是原组织。

原组织包括平纹组织、斜纹组织和缎纹组织三大类,其织物特点、组织图和代表品种见图1-13。

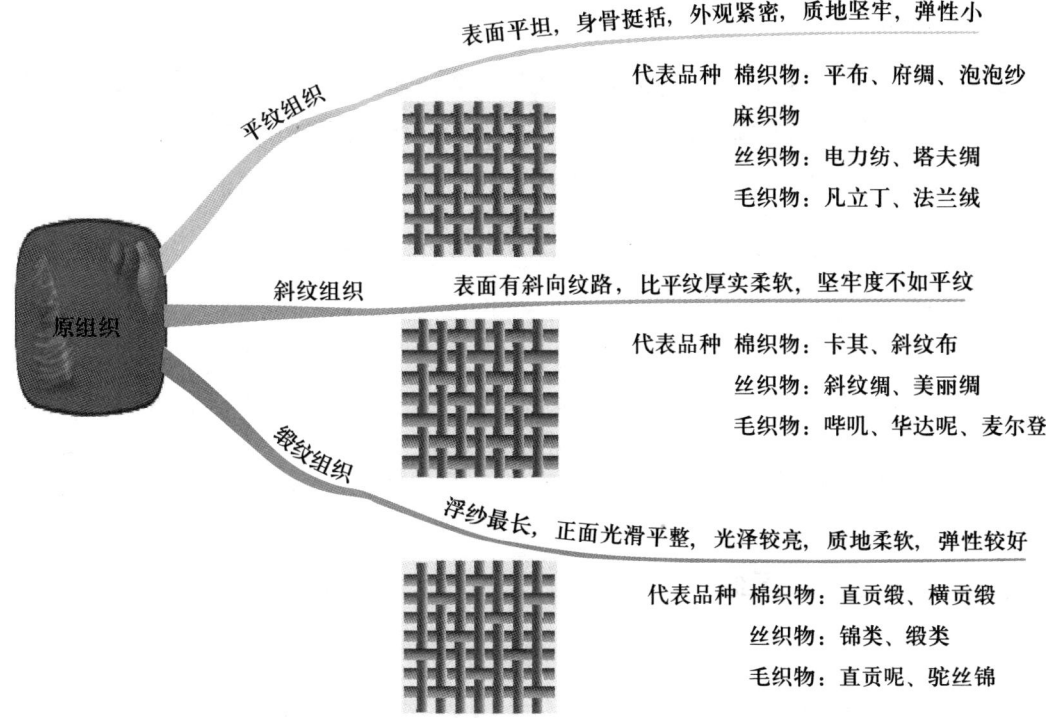

图 1-13 原组织分类、织物特点与代表品种

(2) 机织物组织对面料性能和风格的影响。在机织物组织中,浮纱越长,织物手感越柔软、正面光泽越好。随着织物厚度的增加,手感会随之变硬,悬垂性变差,不能形成流畅的曲面造型。织物的密度与紧度也同样会对手感产生很大影响。

三、染整

染整加工包括两个环节,分别是"染"和"整"。染整能够改善织物的外观风格和服用性能,提高织物附加值。

1. 染

指染色和印花,赋予织物以优良的光泽和鲜艳的色彩,以及防缩、防蛀、涂层等多项附加功能。

2. 整

指后整理,通过物理、化学、生物等方法,改善织物的外观风格和内在质量,提高服用性能。常见的整理方法有热定型、轧光、丝光、起绒、树脂、仿旧等。例如牛仔服装通常采用水洗加工和砂洗加工两种方式,以得到柔软舒适的手感效果和磨白、陈旧的外观效果。

知识卡——光泽

织物的光泽是指面料表面对光线的反射情况,主要受到纤维形状、纱线结构、织物组织以及染整后加工等影响。

通常,光滑的纤维表面能够产生镜面反射,光泽感强。粗细均匀的圆形截面纤维给人以亮且刺眼的感觉;三角形纤维具有华丽的光泽;异形纤维可使光线产生漫反射,光泽较为柔和。长纤纱面料光泽好,短纤纱面料内部纤维散乱,光泽较差。随着纱线捻度的增加,织物内部纤维变得更加整齐,光泽随之提高。但当捻度增加到一定限度之后,织物表面反而会不平整,光泽变差。三原组织中,缎纹组织表面浮纱最长,表面光泽特别好。针织物组织中,由于采用纤维或纱线弯曲串套的形式,降低了面料的光泽,针织面料一般光泽较差。

面料的光泽还可以通过丝光作用和各种后整理工艺增强或削弱,如烧毛工艺、剪毛工艺、消光工艺、轧光工艺、金属光泽整理、珠光整理等。

小花絮——形形色色的无纺布

你认识图1-14中的这些物质吗?从左往右、从上至下,它们分别是:手术服、防护服、口罩、创可贴、环保袋、尿不湿、湿巾。你知道它们全部都是由无纺布构成的吗?

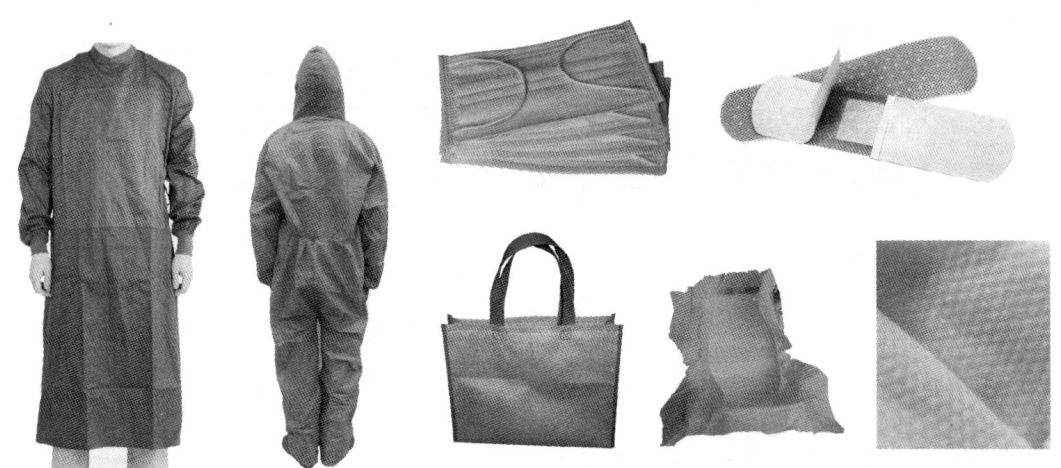

图1-14 形形色色的无纺布

无纺布具有防潮透气、质轻柔韧、易洗快干、不霉不蛀、容易分解、无毒无刺激性、不助燃、色彩丰富、价格低廉、可循环再用等特点,突破了传统的纺织原理,并具有原料来源多、工艺流程短、生产速度快、产量高、用途广等优点。缺点是与机织布相比,强度和耐用性差。

无纺布的使用范围很广,可用于医疗卫生、家庭装饰、汽车工业、包装材料、农业大棚、土木工程等多个领域。

练一练

1. 请指出下列面料分别属于哪种风格特征,见图 1-15。

图 1-15 面料样品图

2. 收集一些风格各异的面料,剪成 7 cm×5 cm 规格,粘贴在面料采集本上,并写出面料风格。

评一评

项目与标准		☺	😐	☹
课前准备	准备充分			
上课	认真思考,积极发表见解			
课后作业	保质保量,按时独立完成			
掌握情况	理解并掌握相关知识点			

项目二 休闲装面辅料运用

【项目概述】

　　服装都是用服装面料和服装辅料制作而成的,服装依托材料进行展示,材料又赋予服装以新的生命,因此,服装与材料密不可分。如何根据已有的服装款式,选择适合的服装面料和服装辅料,并采用相应的制板工艺方法,是服装专业学生将来重要的工作任务之一。

　　休闲装是人们日常生活中最常穿用的服装,本项目指导学生进行休闲装面辅材料的选配与运用,要求学生能根据休闲装的款式图或效果图进行面辅材料选配的方案设计。

　　本项目包括六个任务,分别是认识休闲装、褶裙面辅料运用、衬衫面辅料运用、牛仔服装面辅料运用、风衣面辅料运用和大衣面辅料运用。

任务一　认识休闲装

> **任务目标**
> 知晓常见休闲装的风格特征和适用面料。
> **任务导入**
> 设计师把新设计的休闲装系列图稿交给小筱同学,让她根据图稿的风格特征去仓库找面料、跑市场采购相应的面辅材料。
> 什么是休闲装呢?

 想一想

收集休闲装款式图,想一想什么是休闲装?休闲装得名的由来?

休闲装是非正式场合穿着的服装的统称。所谓非正式场合,指人们除工作、商务、庆典活动之外,进行休闲活动的时间与空间,如居家、娱乐、旅游、健身等。穿着休闲服装,追求的是舒适、方便、自然和无拘无束的感觉,因此,一般休闲装的面料风格以柔软、质朴、舒适为主。

休闲装的种类很多,按照风格特征可分为商务休闲装、浪漫休闲装、运动休闲装、前卫休闲装、古典休闲装、民俗休闲装、乡村休闲装、居家休闲装等。

🔁 知识链接——TOP 原则

现代人在不同的场合、不同的时间、不同的地点有不同的着装要求,这就是服装服饰搭配中的 TOP 原则。TOP 原则最早是由西方人提出的,分别是英文单词 Time(时间)、Occasion(场合)、Place(地点)的首字母。

着装能够体现出穿着者的格调和风度,现代人着装必须考虑场合、时间、地点等各种因素,"乱穿衣"是一种不伦不类的着装行为,例如把睡衣穿到公共场所、西裤搭配运动鞋等。

一、商务休闲装

商务休闲装是具有休闲风格的半正装,摆脱了正装的程式化,端正严谨的同时又兼具亲和力，服装要求较挺括，见图 2-1。常用的棉型面料有高密度府绸、斜纹布等；毛型面料有派力司、薄型法兰绒、格子花呢等混色或条格类；混纺面料有棉锦混纺、涤棉混纺等。

图 2-1　商务休闲装

二、浪漫休闲装

浪漫休闲装外轮廓线条柔顺，色调变化丰富，营造出浪漫优雅的风格，见图 2-2。款式一般较为宽松，常用的有纯棉、纯麻和丝绸等面料，或是具有飘逸感的涤纶仿真丝面料，如涤纶雪纺、涤纶乔其纱。

图 2-2　浪漫休闲装

三、运动休闲装

运动休闲装指人们在休闲运动时穿着的服装，要求具备伸展自如的功能性和良好的吸湿、透气性，见图 2-3。为满足运动型服装的功能性要求，运动休闲装大多采用具有弹性和吸汗透气功能的针织类面料。随着纳米纺织材料技术的应用，吸湿、透湿性极佳的纳米级涤纶针织面料被广泛用于运动休闲装中。

图 2-3　运动休闲装

四、田园休闲装

田园休闲装力求表现回归自然、返璞归真的风格，是一种悠闲、自由、随意的着装状态，见图 2-4。面料多采用棉、麻、毛等天然纤维材料，例如外观细腻的巴厘纱和细布、表面有凹凸感的泡泡纱、有立体感的灯芯绒、外观粗犷的麻织物、粗纺花呢和粗毛线针织物等。

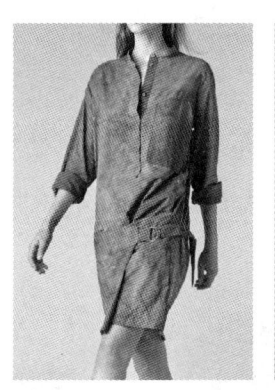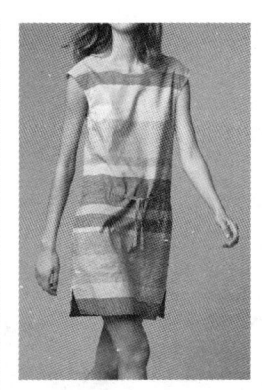

图 2-4　田园休闲装

五、居家休闲装

居家休闲装指在家里穿着的服装，见图 2-5。家居服最重要的是舒适性，面料多采用柔软透气的纯棉、丝绸、莫代尔、天丝、竹纤维等为原料，或使用舒适柔软的针织面料。

图 2-5　居家休闲装

六、户外休闲装

户外休闲装指进行户外休闲活动,如旅游、登山时穿着的服装,见图2-6。这类服装要求具有轻便耐磨、防风防寒、耐日晒等功能,面料多采用紧密牢固的涤纶平纹面料、轻盈耐磨的锦纶面料,或吸湿透气性较好的棉锦混纺面料,衣身里料采用保暖性较好的摇粒绒等。

图2-6 户外休闲装

七、牛仔休闲装

牛仔装是休闲服装中比较独特的一个品类。牛仔布质地厚实、风格粗犷,通过水洗、磨砂、抽须、绣花等后整理,具有怀旧、性感、粗野、质朴等风格,流行百余年来至今仍经久不衰,见图2-7。

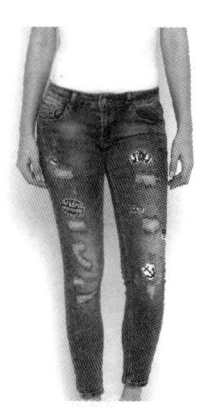

图2-7 牛仔休闲装

牛仔布是一种较粗厚的面料,以纯棉为主,为提高面料的质感,也采用棉麻、棉丝、棉涤混纺,使牛仔布风格更加多样化。牛仔布中氨纶丝的含量越高弹力越大,越能达到紧身合体的穿着效果。

✂ 练一练

收集一些休闲服装款式图,分类整理后说出它们的风格特征和适用面料。

 评一评

项目与标准		☺	😐	☹
课前准备	准备充分			
上课	认真思考,积极发表见解			
课后作业	保质保量,按时独立完成			
掌握情况	理解并掌握相关知识点			

任务二　褶裙面辅料运用

任务目标
掌握褶裙选配面料和辅料的方法。

任务导入
小筱把收集各种裙装款式图放在一起后发现,这些裙装大部分是褶裙。那么褶裙选配面辅材料时应该注意哪些呢？请你帮助小筱选择一下吧。

 想一想

图2-8中褶裙的款式特点分别是什么？

图2-8　褶裙款式图

学一学

褶裙按褶的形式可分为细褶裙和褶裥裙等。细褶裙的腰部、分割线处抽缩形成细褶,或腰头内装松紧；褶裥裙的裙身有一个或多个有规则的褶裥。

一、细褶裙面辅材料运用

细褶裙款式,见图2-9。

图 2-9　细褶裙款式图

1. **细褶裙面料运用**

面料要求较轻薄,常用的棉型面料有巴厘纱、府绸、细布、市布、泡泡纱、斜纹布、薄型贡缎等;麻型面料有苎麻布和亚麻布;丝型面料有电力纺、双绉、乔其纱、斜纹绸、涤纶雪纺等,以及各种蕾丝面料。厚重型、硬挺型面料抽褶后没有柔顺的垂坠效果。

棉型面料,见图 2-10。

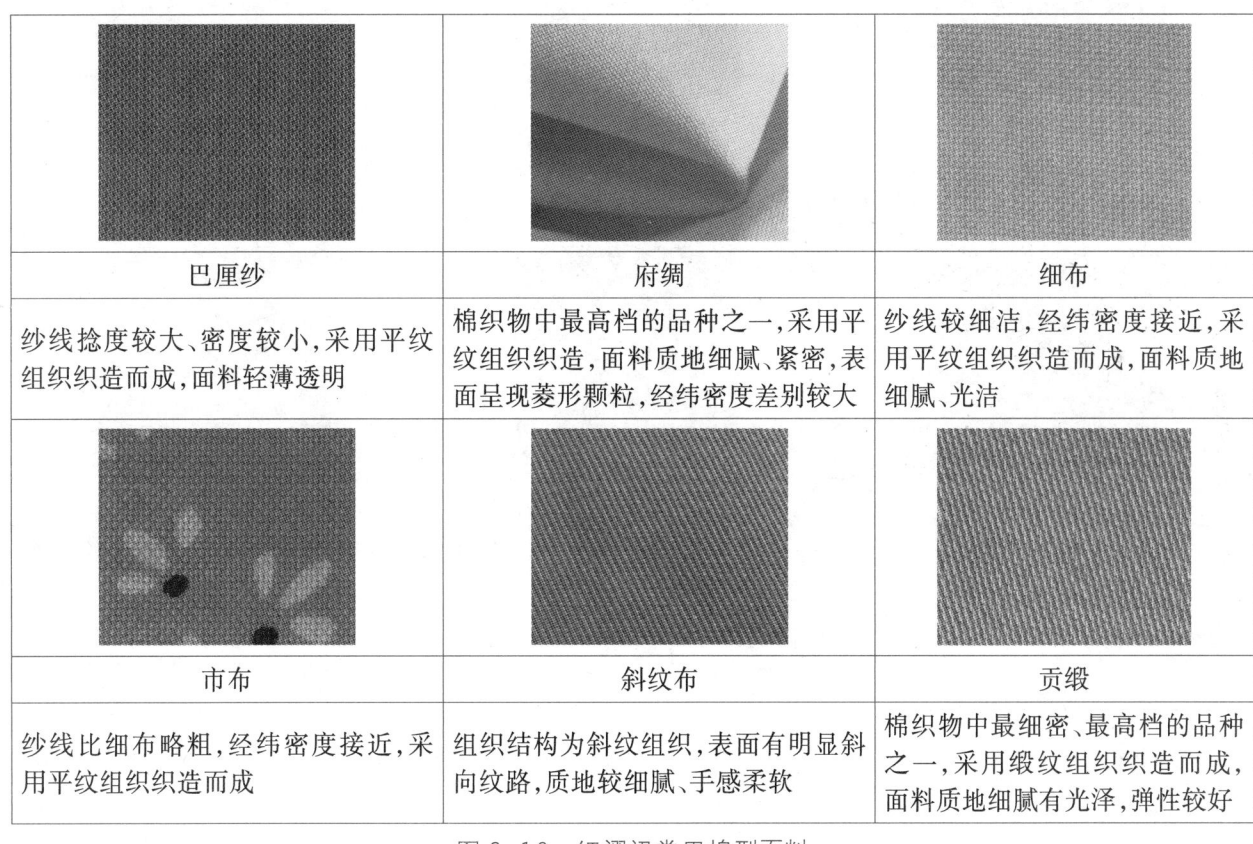

巴厘纱	府绸	细布
纱线捻度较大、密度较小,采用平纹组织织造而成,面料轻薄透明	棉织物中最高档的品种之一,采用平纹组织织造,面料质地细腻、紧密,表面呈现菱形颗粒,经纬密度差别较大	纱线较细洁,经纬密度接近,采用平纹组织织造而成,面料质地细腻、光洁
市布	斜纹布	贡缎
纱线比细布略粗,经纬密度接近,采用平纹组织织造而成	组织结构为斜纹组织,表面有明显斜向纹路,质地较细腻、手感柔软	棉织物中最细密、最高档的品种之一,采用缎纹组织织造而成,面料质地细腻有光泽,弹性较好

图 2-10　细褶裙常用棉型面料

> 知识卡——棉型面料

棉型面料的原料是纯棉纤维纱线、仿棉型纤维纱线或棉纤维与仿棉型纤维混纺纱线。仿棉型纤维有涤纶、黏胶、维纶等。

纯棉面料主要有以下特点：

◎ 吸湿透气性好，穿着柔软舒适。

◎ 风格朴实，弹性较差，易折皱。

◎ 经济实惠，且耐洗耐穿。

◎ 缩水率较大，一般为 4%~6%。

◎ 穿着时不会产生静电作用，不易起毛起球。

◎ 耐碱不耐酸，容易被酸腐蚀，经碱液处理能产生丝光作用。

◎ 耐虫蛀，不耐霉菌，在潮湿环境下容易发霉。

丝型面料，见图 2-11。

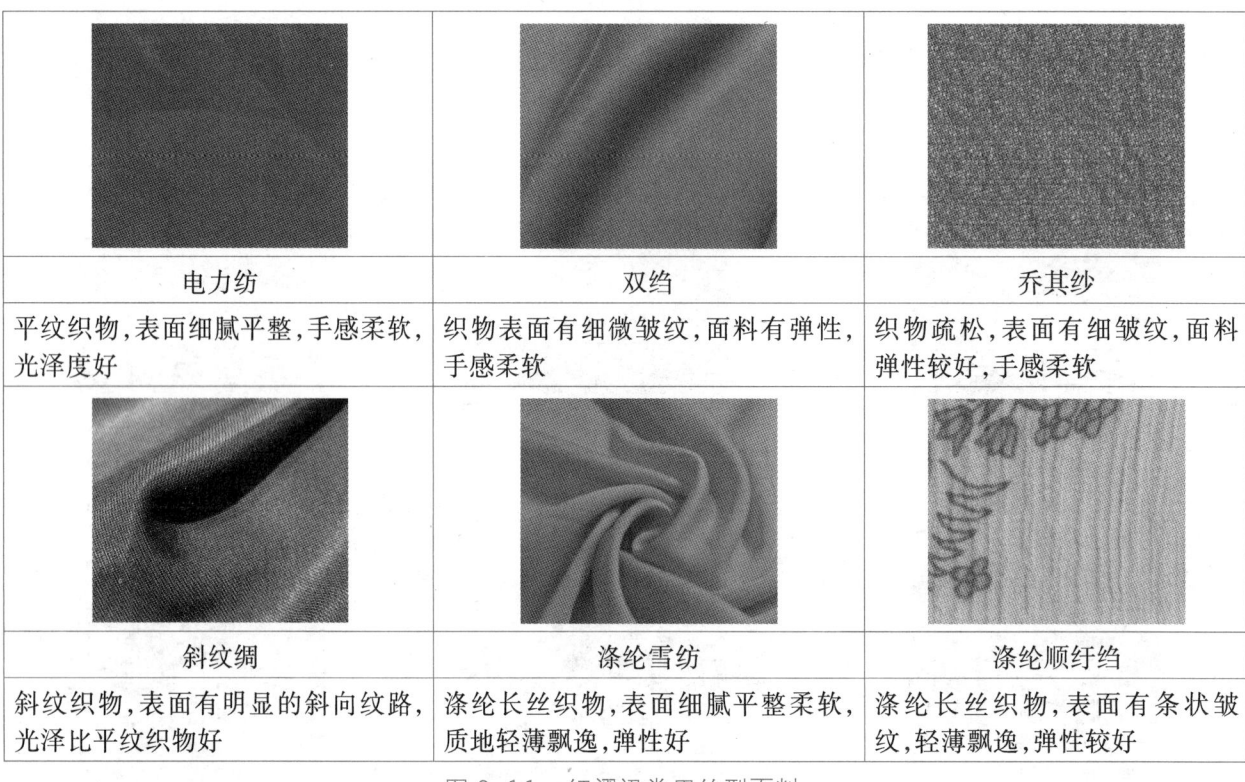

图 2-11　细褶裙常用丝型面料

2. 细褶裙里料运用

裙面料为较薄或透明的巴厘纱、电力纺、乔其纱、雪纺等时，需要用同色或浅色的巴厘纱、涤纶雪纺等为里料。

3. 细褶裙其他辅料运用

松紧：能使裙装穿脱方便，并能调节腰围大小。

📝 知识卡——松紧

松紧，又称松紧带，是一种具有弹性的服装辅料。松紧的规格很多，最细的松紧可以在缝纫时直接当作底线使用;圆松紧可用于家居服、运动服等;扁松紧有多种宽度,分别适合不同的服装款式要求,见图2-12。如0.3~0.8 cm扁松紧适用于领口、袖口、衣身等处,形成有弹性的细褶效果;1~4.5 cm扁松紧适用于裙腰、裤腰等处;超宽松紧可用于医疗、运动领域。

直接当作底线使用的松紧　　　较粗圆松紧,用于　　　较细圆松紧,用于运动服
　　　　　　　　　　　　　家居服裤腰、袖口等　　　装和风衣的帽沿、下摆等

 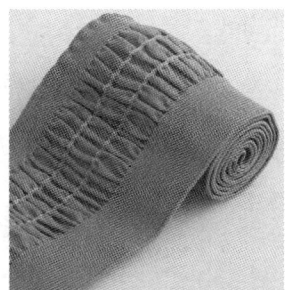  

各种宽度的扁松紧　　具有装饰作用的松紧　　超宽松紧　　具有调节功能的松紧

图2-12　松紧的种类与作用

二、褶裥裙面辅材料运用

褶裥裙款式,见图2-13。

图2-13　褶裥裙款式图

1. 褶裥裙面料运用

为了保持褶裥的外观造型,褶裥裙面料以具有定型效果的为佳,如毛织物或毛混纺织物等。尤其是百褶裙必须采用抗皱性好的涤纶纯纺或混纺面料,否则不但裙子容易产生皱褶,褶裥也会完全消失。

常用的棉型面料有府绸、卡其、牛仔布等；丝型面料以缎类为主；毛型面料和涤纶面料适用种类较多，涤纶面料还可以分为柔软型与硬挺型两大类。

2. 褶裥裙里料运用

与细褶裙相同，当面料较薄时需要添加里料。为保护厚型面料，减少面料与身体、袜、裤等的摩擦，同样要添加薄型的涤丝纺、尼丝纺、电力纺等里料。为防止柔软型化纤面料由于静电作用吸附在腿上，要添加薄型棉质面料作为里料，如巴厘纱、细布等。

3. 褶裥裙其他辅料运用

（1）隐形拉链。能够使服装穿脱方便，且正面基本看不到链齿。

📝 **知识卡——隐形拉链**

由于该拉链安装好之后，从正面基本看不到链齿，与服装浑然一体，因此被称为"隐形拉链"，见图2-14。隐形拉链常用于半身裙、连衣裙、礼服裙、无开襟上衣等服装的侧腰部或后中部。缝制隐形拉链必须使用专门的隐形拉链压脚或单边压脚，见图2-15。

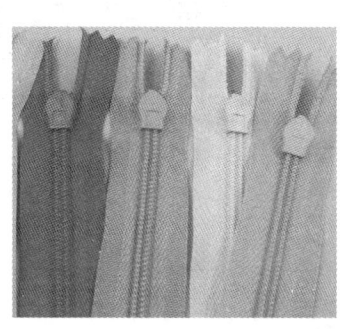

正面　　　　反面

图2-14　隐形拉链

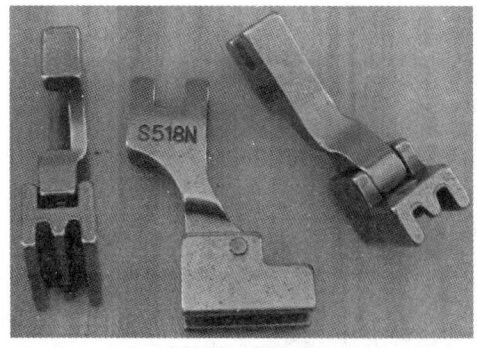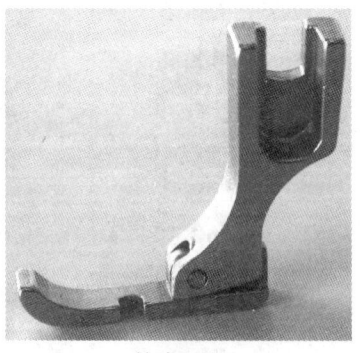

隐形拉链压脚　　　　单边压脚

图2-15　缝制隐形拉链用压脚

（2）纸衬。裙装中主要用于腰部，使裙腰平挺、不易皱。

纸衬又称为非织造布黏合衬，见图2-16。它是以非织造布为基布，并在上面涂上热熔胶的一种服装衬料。使用黏合衬时，对黏合衬施加一定的温度、压力和时间，使热熔胶熔融,让衬料完全黏合在服装面料或里料的反面,从而使服装达到挺括、富有弹性的效果。由于黏合衬不需要复杂的缝制固定工序,简化了服装加工工艺,提高了生产效率,因此,被广泛用于服装工业化生产中。

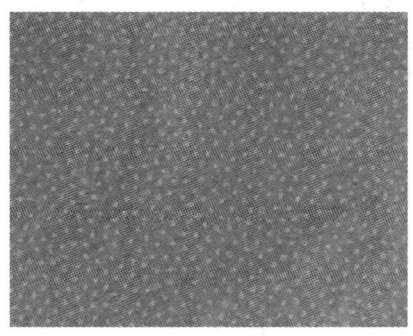

图 2-16　纸衬

练一练

1. 收集一些松紧和衬料,说出它们的品种、作用。
2. 请为图 2-17 所示的裙装选配面辅材料,并填入表 2-1。

图 2-17　裙装样品款式图

表 2-1　褶裙面辅料清单

名称	单位	数量	名称	单位	数量	名称	单位	数量
贴样			贴样			贴样		
名称	单位	数量	名称	单位	数量	名称	单位	数量
贴样			贴样			贴样		

 评一评

项目与标准		☺	☻	☹
课前准备	准备充分			
上课	认真思考,积极发表见解			
课后作业	保质保量,按时独立完成			
掌握情况	理解并掌握相关知识点			

任务三　衬衫面辅料运用

任务目标

掌握衬衫面料的特点,以及衬衫选配面料和辅料的方法。

任务导入

衬衫是服装的重要品类之一,既可外穿,也可内搭。那小筱在选配衬衫面辅材料时应该注意哪些呢?请同学们一起来想一想吧。

 想一想

图2-18中衬衫的款式特点分别是什么?

图2-18　衬衫款式图

衬衫是男女上装的基本品类之一,一般指有领有袖、前开襟的薄型面料上衣,穿在内外上衣之间,也可单独穿用。衬衫按穿着场合可以分为正装衬衫和休闲衬衫两大类,正装衬衫的款式较为经典而固定,休闲衬衫受流行因素的影响变化较大。

 学一学

衬衫款式,见图2-19。

1. 衬衫面料运用

衬衫适用面料范围很广,大多薄型面料都能用作衬衫面料。常用棉型面料有细平布、府绸、泡泡纱、牛津纺、斜纹布、贡缎、绒布、色织布、青年布、线呢、细条灯芯绒等。主要特点是穿着柔软舒适、吸汗透气,颜色鲜艳,缺点是纯棉面料抗皱性差,因此常用作休闲衬衫面料,或经树脂整理、免烫整理后用作正装衬衫面料。麻型面料有苎麻布、亚麻布、涤纶麻纱等,优点是触摸有凉感,特别适合夏季穿着。丝型面料中的纺类、绉类、缎类、绫类、纱罗类等均为制作男女衬衫的高档面料,代表品种有双绉、电力纺、软缎、香云纱等,优点是质地轻薄飘逸,穿着凉爽舒适。

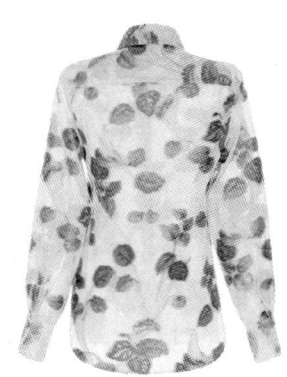

图 2-19 衬衫款式图

知识链接——免烫整理与丝光处理

免烫整理也可称为洗可穿整理,使水洗后的纯棉或棉混纺织物具有洗后不需熨烫就能保持较平挺外观的一种染整加工工艺。主要是通过提高纤维素纤维的干态和湿态回弹性,表现在服用性能上就是提高了折皱回复性能。

丝光工艺是用氢氧化钠溶液对棉麻类纤维进行处理以增加其表面光泽的染整加工工艺。丝光工艺主要有两种类型,有张力丝光主要用于机织物,能够使织物的光泽、染色性能和尺寸稳定性能等有所提高;无张力丝光主要用于针织物,能够提高织物的平整度和弹性,并使织物更加紧密。

棉型面料,见图 2-20。

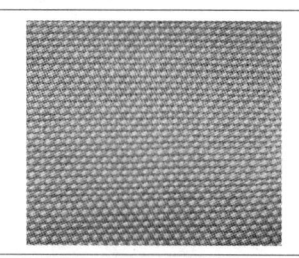	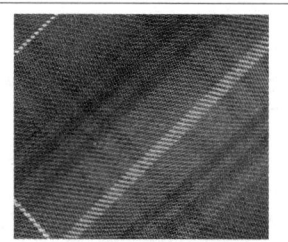	
牛津纺	线呢	色织布
起源于英国,是以牛津大学命名的一种传统色织棉布,也称为牛津布,是由两根细支有色经纱和一根较粗白色纬纱交织而成,色泽柔和,风格文雅,是男女衬衫的常用面料	以染色股线作为经纬纱,故称"线";面料具有仿毛风格,故称"呢"。大多采用斜纹组织织造而成,质地较厚实柔软,结实耐用,是男女春秋季休闲衬衫的常用面料	泛指牛仔布、牛津纺、线呢等色织棉布,也可特指使用染色纱线织造的平纹棉布。优点是色牢度高,颜色鲜明而丰富,染色均匀,色差小。平纹色织布较薄,适于制作各类衬衫、裙装,或居家休闲装

	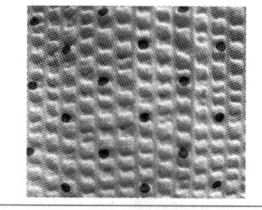		
细条灯芯绒	泡泡纱	绒布	人造棉
表面有圆直的整齐绒条，绒毛丰满、手感柔软。每25 mm 绒条数小于6条为阔条灯芯绒，6~8条为粗条灯芯绒，9~19条为细条灯芯绒，20条以上为特细条灯芯绒。细条和特细条灯芯绒质地较薄，抗皱性较好，适合制作春秋季男女休闲衬衫	布面上有明显泡泡状起伏的棉织物，穿着凉爽不贴身，适合制作夏季女装和童装。缺点是不耐穿，穿着时间较长后泡泡容易消失。泡泡形成方式主要有两种：①利用不同经纱张力织造而成；②采用印花方法，利用棉在碱性化学品作用下会收缩的特性处理而成	布面上有一层散乱短绒毛的棉织物，底布一般为平纹或斜纹组织，可分为单面绒和双面绒两种，采用色织、印花或起绒后印花，面料手感温暖柔软，特别适用于直接接触皮肤的婴幼儿服装和秋冬季睡衣、衬衫等	以普通黏胶短纤维为原料织造的平纹仿棉织物。面料质地均匀细洁、色泽艳丽、手感滑爽，具有良好的吸湿透气性和悬垂性，价格便宜。缺点是缩水率较大、湿强低、面料保型性差、耐穿性差，适宜制作夏季睡衣裤、裙装、衬衫、童装等

图 2-20　衬衫常用棉型面料

麻型面料，见图 2-21。

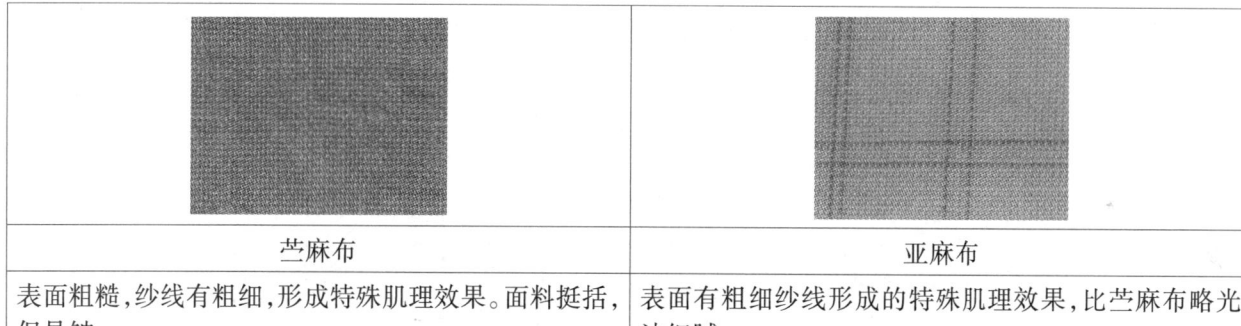

苎麻布	亚麻布
表面粗糙，纱线有粗细，形成特殊肌理效果。面料挺括，但易皱	表面有粗细纱线形成的特殊肌理效果，比苎麻布略光洁细腻

图 2-21　衬衫常用麻型面料

知识卡——麻型面料

麻型面料的原料是苎麻、亚麻等可服用型麻纤维，或麻纤维与涤纶仿麻纤维。纯麻面料主要有以下特点：

◎ 吸湿散湿速度快，导热性好，穿着不贴身，触摸有凉感。

◎ 手感粗糙刚硬。

◎ 弹性较差，易折皱。

◎ 既耐霉菌又不会虫蛀，易于保管。

衬衫常用丝型面料，见图 2-22。

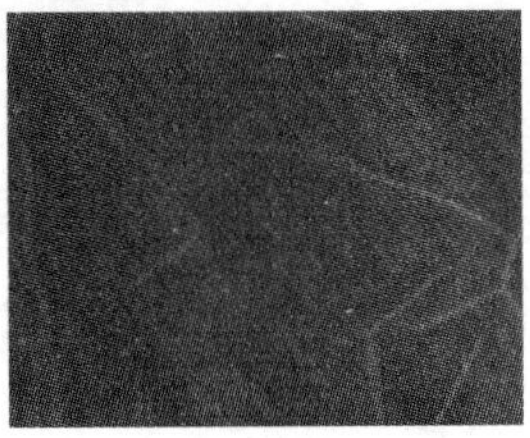 香云纱	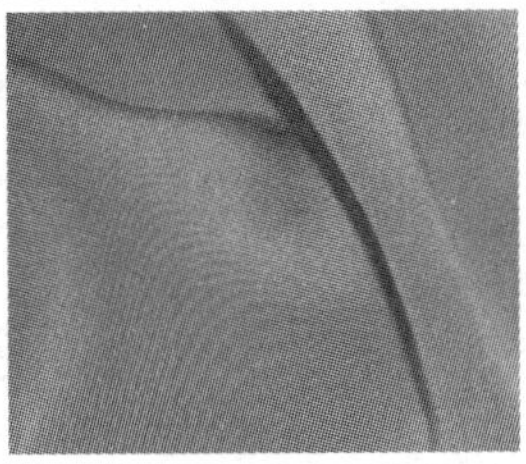 软缎	 涤纶花瑶
一种用广东特有薯莨汁水处理过的纯桑蚕丝织物，表面有一层特殊物质，绸布光滑，呈棕红色或棕黑色，面料滑爽，穿着凉爽不贴身，具有防晒、易洗快干的优点，适于制作唐装、女士连衣裙等	有纯桑蚕丝的高级软缎和人造丝或涤纶丝的中低档软缎两种。采用缎纹组织，经纬纱均无捻或弱捻，面料平滑光亮，手感柔滑细致，适宜制作女衬衫、礼服、旗袍、棉袄等，或用作绣花绸坯。中低档软缎可作礼品包装材料	由于经纬纱加捻，面料表面有轻微的凹凸起伏，质地紧密，外观光泽较好。缺点是容易因静电作用而吸附在身上；不吸汗，出汗后容易贴在身上。适宜制作夏季女衬衫、连衣裙等

图 2-22 衬衫常用丝型面料

2. 衬衫辅料运用

衬衫常用辅料有薄型黏合衬、纽扣等，薄型黏合衬用于门襟、领子、袖克夫等处，正装衬衫领还需要使用硬领衬，使领子更挺括。

（1）纽扣。衬衫面料较轻薄，且门襟较窄，因此，常用直径 1.2 cm 左右的薄型塑料或树脂纽扣，见图 2-23。

（2）硬领衬。以纯棉或棉混纺平纹面料为基布，经漂白、整理、涂上热熔胶后制成的衬布，具有弹性好、硬挺度高、不易变形的优点，见图 2-24。

图 2-23 衬衫纽扣

图 2-24 硬领衬

✂ 练一练

请为图 2-25 中的衬衫选配面辅材料，并填入表 2-2。

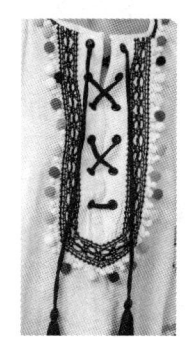

图 2-25 衬衫样品款式图

表 2-2 衬衫面辅料清单

名称	单位	数量	名称	单位	数量	名称	单位	数量
贴样			贴样			贴样		
名称	单位	数量	名称	单位	数量	名称	单位	数量
贴样			贴样			贴样		

评一评

项目与标准		☺	☻	☹
课前准备	准备充分			
上课	认真思考,积极发表见解			
课后作业	保质保量,按时独立完成			
掌握情况	理解并掌握相关知识点			

任务四　牛仔服装面辅料运用

任务目标
掌握牛仔面料的特点,以及牛仔服装选配面料和辅料的方法。

任务导入
小筱注意到,牛仔服装是休闲装中永恒的流行经典。那么牛仔服装选配面辅材料时又要注意哪些方面呢?请你来帮助小筱吧。

想一想

图 2-26 中牛仔服装的款式特点分别是什么?

图 2-26　牛仔服装款式图

学一学

牛仔裙、牛仔裤、牛仔衬衫、牛仔外套等服装,统称为牛仔服装。牛仔服装风格粗犷,质地厚实,结实耐磨,尤其牛仔裤是青年男女的常见服装。

1. 牛仔服装面料运用

常见的牛仔面料为色织面料,通常经纱为有色纱,纬纱为白色纱,见图 2-27。较薄的平纹、细斜纹牛仔布适合制作夏季的牛仔裙、牛仔裤、牛仔衬衫等,较厚较硬粗斜纹牛仔布适合制作牛仔(短)裤、牛仔外套等。为使牛仔布的花色更丰富,运用丝网印花工艺,可以制作印花牛仔布,见图 2-28。

图 2-27 牛仔面料

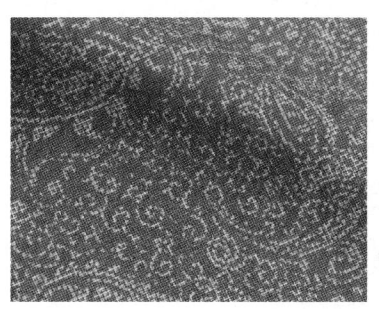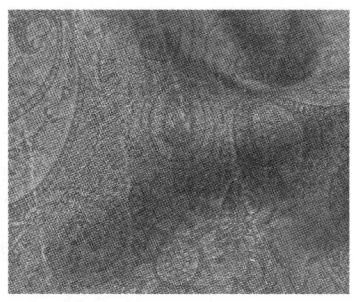

图 2-28 印花牛仔面料

2. 牛仔服装里料运用

绝大部分牛仔服装都不需要里料,为避免穿着过程中缝份边缘的纱线散出,缝制牛仔服装时必须拷边。牛仔裤拼合后育克分割缝、牛仔外套拼合分割线或前后片肩缝时也会采用包缝工艺,见图 2-29。

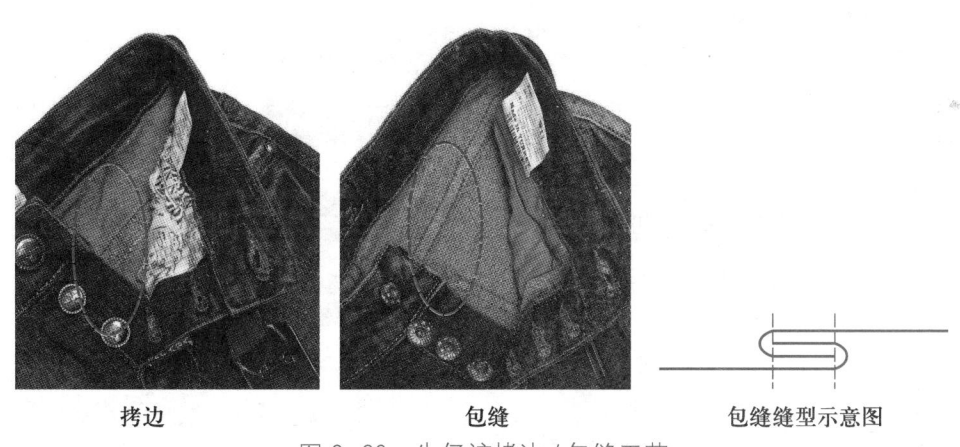

拷边　　　　　包缝　　　　包缝缝型示意图

图 2-29 牛仔裤拷边/包缝工艺

3. 牛仔服装其他辅料运用

由于牛仔面料牢固耐用,因此辅料也要求结实耐用。同时,牛仔面料多为靛蓝颜色,为增强装饰性,辅料以撞色为主。

(1)纽扣。由于牛仔面料较硬,风格粗犷,因此纽扣一般采用牢度高、装饰效果强的金属类拷扣,见图 2-30。

(2)拉链。链牙同样以牢度高、耐用性好的金属铜为主要材质。

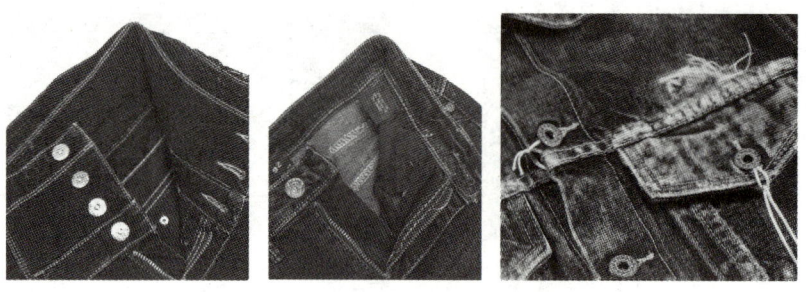

图 2-30　牛仔服装金属纽扣

知识卡——拉链

拉链是服装中最重要的扣紧材料之一，因具有使用方便、密闭性好等优点，而被广泛使用。

拉链的种类很多，按材质可分为尼龙拉链、金属拉链和树脂拉链。拉链牙齿闭合后的宽度数值即为拉链的号数，常见的拉链有 3 号、5 号、7 号、8 号、10 号、15 号等，号数越大，拉链牙齿越粗、扣紧力越大。

按拉链的结构形态可分为闭尾拉链和开尾拉链，详见图 2-31。

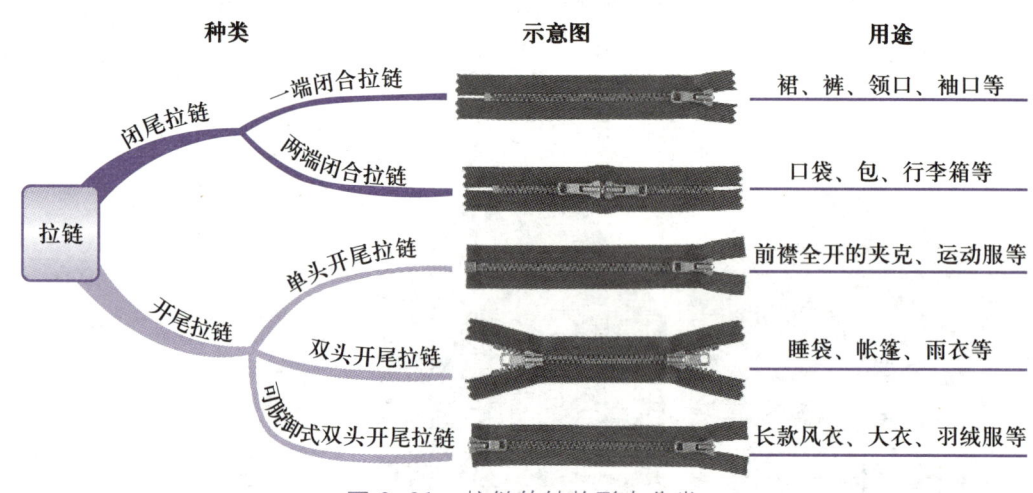

图 2-31　拉链的结构形态分类

（3）袋布。采用涤棉平纹面料，既耐用又吸湿透气。

（4）缝纫线。牛仔裤缝制时主要用到三种线，分别是内部缝合线、外部装饰线与拷边线。装饰线多为撞色粗线，既增强牢度又突出装饰感。

小花絮——谁发明了拉链

拉链让服装穿脱更快、更方便。据测试，训练有素的消防员穿好全套消防服只要十几秒，这样的速度完全得益于拉链的使用。

拉链的出现是在一个世纪之前。一个美国工程师最先研制了一种装置，并获得了专利，但由于质量不过关,没能推广开来。后来一个瑞典人改进了这一装置,使其更加稳定而牢靠,不会再出现尴尬的场面。

拉链最早被用于一战时的美国军装上面,在民间的推广较晚。据报道,一位叫弗朗科的小说家,在推广拉链样品的一次工商界午餐会上说:"一拉,它就开了!再一拉,它就关了!"十分简明地说明了拉链的特点,"拉链"由此得名。

练一练

请为图2-32中的牛仔服装选配面辅材料,并填入表2-3。

图2-32 牛仔服装样品款式图

表2-3 牛仔服装面辅料清单

名称	单位	数量	名称	单位	数量	名称	单位	数量
贴样			贴样			贴样		
名称	单位	数量	名称	单位	数量	名称	单位	数量
贴样			贴样			贴样		

评一评

项目与标准		☺	☹	☹
课前准备	准备充分			
上课	认真思考,积极发表见解			
课后作业	保质保量,按时独立完成			
掌握情况	理解并掌握相关知识点			

任务五　风衣面辅料运用

任务目标
掌握风衣的特点,以及风衣选配面料和辅料的方法。

任务导入
经过一段时间的工作和学习,小筱对时尚的敏锐度逐渐提高,她注意到,最近的时装发布会上,风衣成了主角之一。然而,风衣选配面辅材料时应注意哪些呢?请你和小筱一起来学一学吧。

 想一想

图 2-33 中风衣的款式特点分别是什么?

图 2-33　风衣款式图

适合春秋季节外出穿着的中长款服装,统称为风衣。风衣造型灵活多变,美观实用,不但适合年轻人穿着,也适合中老年人穿着。

 学一学

风衣款式,见图 2-34。

1. 风衣面料运用

风衣适用面料范围较广,厚度适中的面料都能运用到风衣中。当然,出于风衣"防风雨"的功能性考虑,风衣面料还要求织物组织密度较大,甚至有防水涂层。

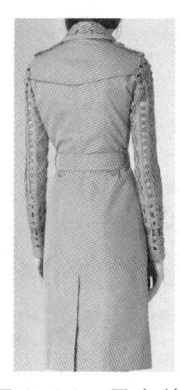

图 2-34　风衣款式图

制作风衣常用棉型面料,有斜纹布、卡其、贡缎、牛仔布、中粗条灯芯绒等;麻型面料有中厚型苎麻布和亚麻布;丝型面料有重绉、四维呢等;毛型面料有贡呢、驼丝锦、华达呢等。适用的化纤面料及混纺面料也有很多,此处不一一列举。

棉型面料,见图 2-35。

卡其	棉锦贡缎	粗条/阔条灯芯绒
是棉织物中密度最大、最硬挺的斜纹面料,纹路比斜纹布更有立体感,缺点是折边处易断裂	弹性、抗皱性均比全棉贡缎好,表面更光洁、细腻,织物更紧密,有一定防水功能	每 25 mm 绒条数大于 8 条,风格较粗犷质朴,具有耐磨性好、手感丰满厚实的优点

图 2-35　风衣常用棉型面料

丝型面料,见图 2-36。

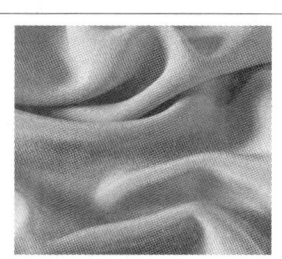	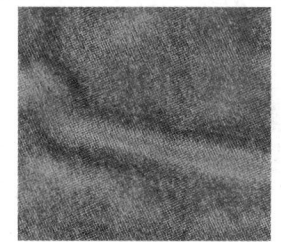
重绉	天鹅绒
加厚加密真丝织物,质地厚实细密,手感柔和滑润,悬垂性好,品质高雅,不仅能制作风衣,也能制作夏季男士休闲装、裤装和女士连衣裙等	织物表面有顺向绒毛的丝织物,是中国传统丝织物之一,表面绒毛紧密耸立,色光高雅,弹性好,也可用于家居用品,如睡衣、沙发套、床罩等

图 2-36　风衣常用丝型面料

毛型面料,见图 2-37。

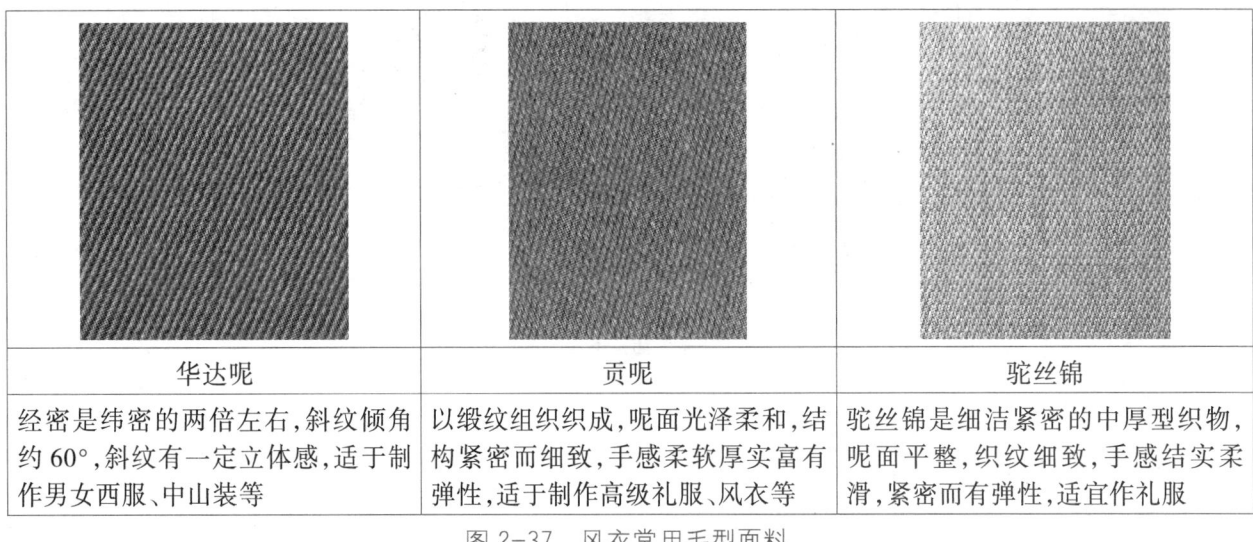

图2-37 风衣常用毛型面料

2. 风衣里料运用

为提高防风性能,风衣一般都有里料。常用的风衣里料有穿着滑爽、经济实用的涤丝纺、尼丝纺或美丽绸等。

3. 风衣其他辅料运用

(1) 纽扣。风衣门襟处使用的纽扣大于普通外套的纽扣,直径一般为23~30 mm,袖口处纽扣直径为15~20 mm。

📎 知识卡——纽扣

纽扣在服装中主要起到连接作用,同时又具有装饰功能。

纽扣的种类很多,按直径分,有14 L、16 L、18 L……54 L(国际度量单位,读"莱"或"莱尼")等型号。纽扣型号与纽扣直径(毫米)的换算公式是:直径 = 型号 ×0.635。

纽扣按形态分,可分为有眼纽扣、有脚纽扣、按扣等,详见图2-38。

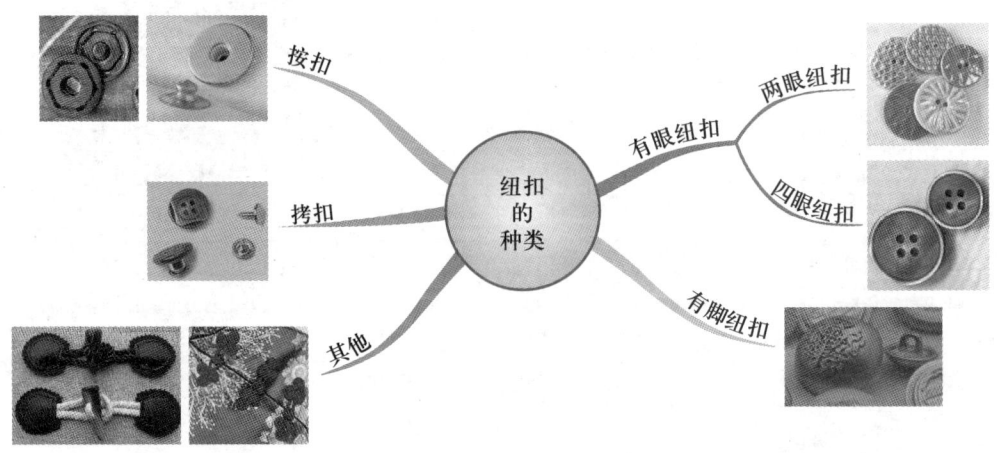

图2-38 纽扣的种类

纽扣与其他辅料一样,在选用的时候,要考虑材质、颜色、重量、价格、性能等与服装面料相匹配。例如,轻薄的面料要用轻薄的纽扣;纽扣的颜色要与面料的颜色协调或与主色调呼应;同一套服装中用扣要统一且大小有序;耐用型的服装要使用耐用型的纽扣等。

直径小于 10 mm 的薄型纽扣,主要是作为钉较大纽扣时的背面垫扣,以保证钉扣牢度和平整度。

(2) 袢类。为提高风衣的保温、防风雨等功能,一般会在腰部、袖口、领口等处使用挂钩、弹簧绳扣、气眼、尼龙搭襻、插扣等袢类材料,见图 2-39。

挂钩、气眼、弹簧绳扣

各种形状弹簧绳扣

塑料插扣

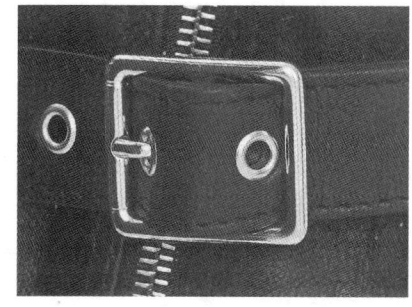
金属调节扣

尼龙搭襻

图 2-39 袢类材料

练一练

请为图 2-40 中的风衣选配面辅材料,并填入表 2-4。

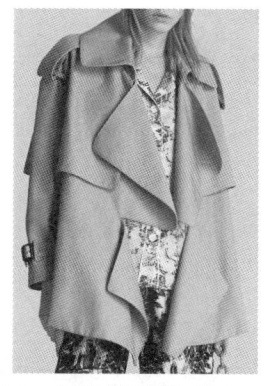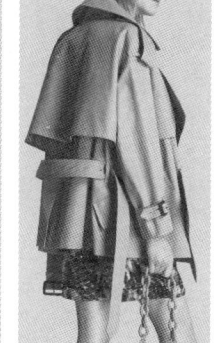

图 2-40 风衣样品款式图

表 2-4　风衣面辅料清单

名称	单位	数量	名称	单位	数量	名称	单位	数量
贴样			贴样			贴样		
名称	单位	数量	名称	单位	数量	名称	单位	数量
贴样			贴样			贴样		

评一评

项目与标准		☺	😐	☹
课前准备	准备充分			
上课	认真思考，积极发表见解			
课后作业	保质保量，按时独立完成			
掌握情况	理解并掌握相关知识点			

任务六　大衣面辅料运用

任务目标

掌握大衣的特点，以及大衣选配面料和辅料的方法。

任务导入

经过几个星期的锻炼，小筱对于设计师助理这一工作越来越熟练。今天她接到一批大衣的设计图稿，立刻投入新一轮的选配面辅材料工作中去了。请同学们也一起来做一做吧。

 想一想

图 2-41 中大衣的款式特点分别是什么？

图 2-41　大衣款式图

 学一学

大衣是一种厚实保暖的冬季服装，按衣长分，有中短大衣（臀围上下）、中长大衣（膝盖上下）、长大衣（小腿肚上下）和超长大衣（踝关节上下）四种，见图 2-42；按材料分，有棉大衣、呢绒大衣、裘皮大衣、羽绒大衣等。

大衣款式，见图 2-43。

1. **大衣面料运用**

大衣面料一般使用厚型的粗纺呢绒或裘皮面料。为保证大衣的保暖性，会在较薄面料的面、里布之间填充絮棉或羽绒等保温材料。

制作大衣常用的棉型面料有卡其、牛仔布、棉锦贡缎等；毛型面料有麦尔登、海军呢、粗花呢、大衣呢、法兰绒等；化纤面料有摇粒绒、长毛绒、高密度尼丝纺等。

毛型面料，见图 2-44。

中短大衣　　中长大衣　　长大衣　　超长大衣

图 2-42　大衣款式图

图 2-43　大衣款式图

	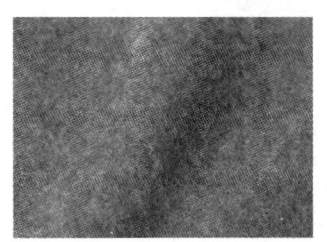	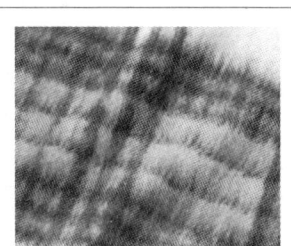
麦尔登	海军呢	大衣呢
表面有细密的绒毛，不露底纹。布身细洁平整，身骨挺实，手感柔软富有弹性，耐磨性好，不起球，保暖性好，是高档粗纺呢绒	表面有细密绒毛，不露底纹。布身细洁平整，耐磨性好，基本上不起球，保暖性强，是中高档粗纺呢绒	大衣呢种类较多，是用粗梳毛纱织制的厚重型粗纺呢绒。部分大衣呢裁剪时要注意按顺毛方向裁剪
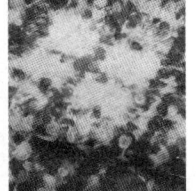		
粗花呢	法兰绒	顺毛呢
利用两种及以上单色纱、混色纱、合股夹色线、花式线等，织成人字、条子、格子、星点、提花、夹金银丝等的花式粗纺毛织物	混色粗梳毛纱织制的具有夹花风格的粗纺毛织物，表面有一层丰满细洁的绒毛覆盖，不露底纹，手感柔软平整，比麦尔登稍薄	表面经过拉毛或剪毛处理，有绒毛覆盖且不露底纹。由于其表面的绒毛是顺着一个方向的，所以称为顺毛呢，裁剪时同样须注意倒顺毛

图 2-44　大衣常用毛型面料

化纤面料,见图2-45。

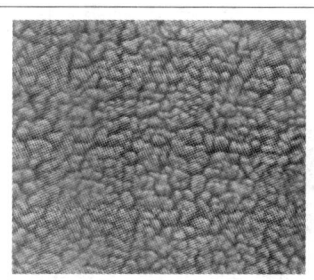

摇粒绒	长毛绒
是由大圆机编织而成的涤纶针织物,织成坯布后先染色,再经拉毛、梳毛、剪毛、摇粒等多种复杂工艺加工处理。面料正面拉毛,绒毛密集而又不易掉毛、起球,蓬松且弹性好	正面有密集且较长的毛纤维均匀覆盖,绒面丰满平整,富于光泽,弹性、保暖性能良好。基布用棉纱,起毛经纱用粗纺毛纱或化纤纱。长毛绒也可用针织物组织作为基布

图2-45 大衣常用化纤面料

2. 大衣里料运用

里料是指服装最里层的、用来覆盖面料或衬料、胆料等内部结构的材料,也可称为里布或夹里。一般大衣里料可选择美丽绸、醋酯纤维、尼丝纺等再生纤维和合成纤维的长丝型面料,高档大衣也可选择电力纺作为里料。

 知识卡——里料的作用和种类

里料在不同的服装类型中起到不同的作用。

※ 穿脱方便。一些面料表面较粗糙,使用滑爽的里料后便于服装穿脱。

※ 保暖作用。服装因附加了一层里料后,面里之间形成空气层,保暖性更好。

※ 保护作用。增加里料后,减少了面料与内衣、毛衫等的磨损,延长服装寿命。

※ 提高档次。里料可遮盖服装缝头与其他辅料,使服装美观整洁。

※ 充当内衣。对于薄型透明面料和浅色面料,里料可以充当面料的内衣。

按里料与面料的缝合方法,可以分为以下几种类型。

※ 活络式。里料与面料不缝合在一起,使用纽扣或拉链相互连接,拆下里料后即为单衣,方便洗涤与护理。棉衣中常用活络式里料。

※ 固定式。里料与面料完全缝合在一起,不能脱卸。西服、中山装、夹克衫常用固定式里料,见图2-46。

※ 半固定式。里料与面料除下摆外均缝合在一起,里料的下摆与面料的下摆靠线袢连接。较长的服装,如风衣、大衣等均采用半固定式里料,能预防因面里料缩率不同而产生的里料起吊现象。

※ 半里式。不是整件服装使用,只是在常受到摩擦的肩背处和缝头衬料较多的前胸处配置里料,见图2-47。

图2-46　固定式里料　　　　　　图2-47　半里式里料

3. 大衣其他辅料运用

填料:大衣常用的填料有羽绒、腈纶喷胶棉等。

📋 **知识卡——服装填料**

填料指填充在服装面料和里料之间的服装材料,主要起到保温的作用。随着材料科学的研究与发展,填料的来源与功能越来越广、性能越来越好。

根据填料的形态,可分为絮类和材类两种。

◇ 絮类:无固定形状的填充料,例如棉絮、丝绵、驼毛、羽绒等。
◇ 材类:经过加工处理,制成的平面状填充料,例如中空棉、腈纶棉,见图2-48。

静止空气是最好的保温材料,因此评价填料优劣的标准之一,是能否保持蓬松的状态。例如棉花弹性差、吸水性好,在使用过程中容易板结、变潮,因此是中低档保温材料。而质轻蓬松的鸭绒、鹅绒越来越成为人们喜爱的防寒保暖材料,见图2-49。

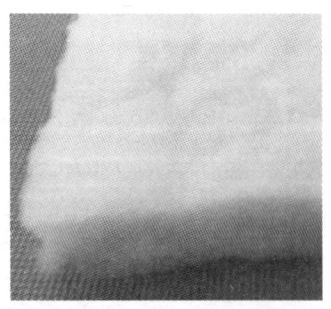
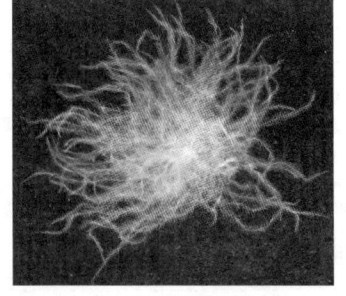

图2-48　腈纶棉　　　　　　图2-49　鹅绒

📋 **知识卡——保暖性**

保暖性是指面料阻止热量从高温部位向低温部位传递与扩散的能力,主要取决于导热系数和含气量、含水量。

导热系数是一个相反的指标,导热系数值越大,表示导热性能越好、保暖性越差。夏天穿着导热系数大的服装会有凉爽感,如麻纤维类服装。

含气量指服装中静止空气的含量。结构蓬松、表面起绒起毛的材料,由于含气量大,保暖性好。另外,面料越厚实,保暖性越好;纱线捻度越大,保暖性越差;织物越薄,保暖性越差。合成纤维制成中空纤维可以提高保暖性。

含水量指服装中的水分含量。静止空气的导热系数为0.026、棉为0.071～0.073、羊毛为0.052～0.055,而水的导热系数为0.697,远远高于其他纤维材料,因此穿着汗湿的服装有凉感。

练一练

请为图2-50中的大衣选配面辅材料,并填入表2-5。

图2-50 大衣样品款式图

表2-5 大衣面辅料清单

名称	单位	数量	名称	单位	数量	名称	单位	数量
贴样			贴样			贴样		
名称	单位	数量	名称	单位	数量	名称	单位	数量
贴样			贴样			贴样		

评一评

项目与标准		☺	😐	☹
课前准备	准备充分			
上课	认真思考,积极发表见解			
课后作业	保质保量,按时独立完成			
掌握情况	理解并掌握相关知识点			

项目三　正装面辅料运用

【项目概述】

　　正装是人们出席正式场合穿着的服装,本项目指导学生进行正装面辅材料的选配,要求学生能根据正装的风格特征进行面辅材料选配方案设计。

　　本项目包括三个任务,分别是认识正装、西服面辅料运用和礼服面辅料运用。

任务一 认识正装

任务目标

知晓正装的风格特征和相应的面料特点。

任务导入

小筱参加毕业生招聘会,今天她接到了一家服装公司的面试通知。为了从众多应聘者中脱颖而出,她准备进行自我形象设计。她该穿什么样的服装参加面试,才能给考官留下好印象呢?

 想一想

在现代都市中生活的人们,无论求职应聘还是商务活动,都会穿上笔挺的服装,这就是正装。那么穿着正装必须注意些什么?

正装是指在工作、商务活动、晚会等各种正式场合穿着的服装的统称,具有鲜明的职业特征。

正装种类较多,用于工作场合的西服套装最常见,单位统一制作的、能标明穿着者职业身份的制服,如公安制服、空姐制服等也被广泛应用。除此之外,参加大型聚会或演出时也必须穿着正装,如中山装、礼服等。

男士西服款式具有一定的规范性,以表现稳重高雅的格调。西服常见的搭配是衬衫、马甲、领带、西服、西裤、皮鞋。西服(套装)穿着时要求比较高,首先西服面料要精致且挺括,不能过于厚重;颜色主要是黑色、深藏青、灰色等;西服款式讲究合身,胸围与肩宽不宜过大;衣长应超过臀部,参考尺寸是颈椎点高的1/2;西服袖长至虎口向上 1~2 cm 处最为合适,且衬衫袖口略长于西服袖口;衬衫领口也应略高于西服领口;最下面的纽扣通常不扣;西裤穿着不露袜子,裤长以到鞋跟处为准;裤管略呈锥形,脚口处不能卷边;不能穿大格子衬衫;不能穿休闲风格的皮鞋;不能穿运动袜。

女士西服常见搭配是衬衫、马甲、西服和西服裙(或一步裙)。

休闲西服是随着人们生活观念的转变,在正规西服的基础上演变产生的,由于穿着比正规西服轻松随意且不受拘束而逐渐流行,并经久不衰。

学一学

一、西服（西裤、西服裙）

西服款式造型大方、用料讲究、做工精致，能够体现穿着者稳重、优雅的气质，并由此展示穿着者的身份、地位、个人品位等。西服以挺括而有弹性的全毛精纺、毛涤混纺或涤纶仿毛面料为主，如凡立丁、派力司、哔叽、华达呢、驼丝锦等，颜色一般为黑、深藏青、灰等素色或隐条隐格面料，见图3-1。

图 3-1　西服、西裤

二、马甲

马甲也称为背心，以修身型为主，部分套装中不包含马甲。马甲的前片面料与西服完全相同，背部则一般采用西服的里料，见图3-2。

图 3-2　马甲

三、衬衫

衬衫可分为正装衬衫和休闲衬衫两大类，正装衬衫款式变化不多，主要集中在领部，如立领、立翻领、系扣领、折翼领等，女士衬衫还有飘带领、花边领等，见图3-3。男士衬衫主要使用全棉或涤棉混纺精梳高支面料，如单面华达呢、府绸、贡缎等，颜色以浅色、素色为主，花型有浅色条纹、小型浅色点状花纹、小型提花或小型格子等，见图3-4。目前流行的全棉免烫衬衫，既保持了棉织物吸湿透气性好的优点，又提高了保形性。女士衬衫面料选择范围更广，包括柔软舒适的棉型面料、质地轻柔飘逸的真丝面料、吸湿透气的麻类面料，以及各种薄型涤纶化纤面料。正装衬衫以素净无花为主，休闲衬衫花色变化更丰富。

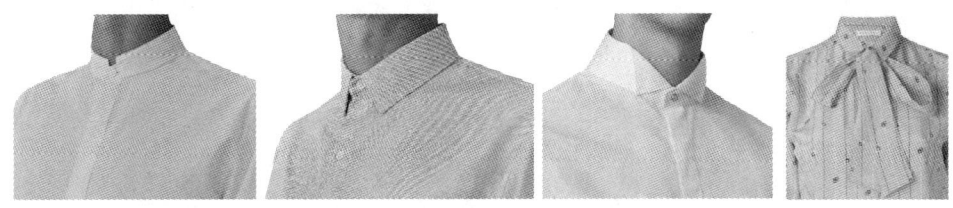

图3-3　男女衬衫领型变化

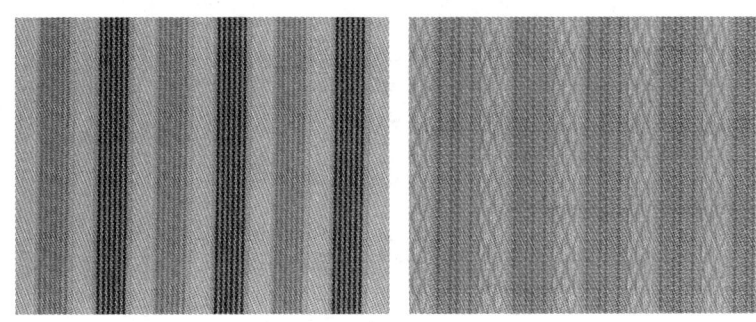

图3-4　男士衬衫提花面料

⌘ 小花絮——中国古代的服饰等级

中华民族文化历史悠久，在漫长的历史演变中，逐渐形成了一套完备的礼仪制度，囊括政治经济文化生活的方方面面，服饰等级制度就是其中一部分。中国的衣冠服饰制度在夏商时期已见端倪，到周代渐趋完善并成为"昭名分，辨等威"的工具。

古代服饰在质地、款式、颜色、纹样等方面都有严格的规定，如昂贵的绫罗绸缎只有统治阶级能穿，没有官职的平民只能穿麻、葛类服装，因此"布衣"就成了百姓的代名词。例如诸葛亮被邀出茅庐之前只是一介平民，为此他在《出师表》中自谦道："臣本布衣，躬耕于南阳"；又如陶渊明在《五柳先生传》写道："短褐穿结，箪瓢屡空"。"短褐"就是平民的衣着。民国时期的读书人可以穿着长衫在酒店里坐着慢慢喝酒，下等人只能一身短打扮站着喝酒，而鲁迅先生笔下的孔乙己是唯一身穿长衫站着喝酒的。无论生活如何潦倒，只能打短工维生，但是身上的长袍代表他依然是读书人身份，有着高人一等的地位。

此外，冠饰也是服饰礼仪的一个重要部分。古代士阶层以上男子二十岁行冠礼，庶人戴巾。贾谊《过秦论》有文："于是废先王之道，焚百家之言，以愚黔首"。"黔首"是秦代对老百姓的称呼，黔字从黑从今，"黑"指"黑色头巾"，"今"意为"当面的"，它的意思就是"戴黑色头巾出门见人"，即以黑色头巾作为出门的行头。古时老百姓因为地位低而不能戴冠，带着黑头巾出门，所以被称为"黔首"。

✂ 练一练

观察图 3-5，指出错误的正装穿着方式并纠正。

图 3-5　指出错误的正装穿着方式

错误的穿着方式一：_____　纠正：_____
错误的穿着方式二：_____　纠正：_____

🖱 找一找

1. 上网找一段斯诺克比赛的视频，欣赏运动员穿着的服装，并说出其特点。
2. 上网找一段马术盛装舞步比赛的视频，欣赏运动员穿着的服装，并说出其特点。

👍 评一评

项目与标准		☺	😐	☹
课前准备	准备充分			
上课	认真思考，积极发表见解			
课后作业	保质保量，按时独立完成			
掌握情况	理解并掌握相关知识点			

任务二　西服面辅料运用

任务目标

懂西服(套装)选配面料和辅料的方法。

任务导入

小筱为自己进行了一番形象设计,并准备穿着套装应聘。选购套装的时候,她差点挑花了眼。她看到有许多不同面料的套装可供选择,价格相差很大。小筱该选择哪种面料的套装呢?

 想一想

下列西服的面料特点是什么？见图3-6。

图3-6　西服款式图

 学一学

1. 西服(套装)面料运用

正装西服的面料要求精致细腻、光泽柔和、挺括抗皱、富有弹性,主要使用全毛精纺、毛涤混纺、毛黏混纺或涤纶仿毛面料。较薄的有凡立丁、派力司和薄型花呢等,中等厚度的有哔叽、华达呢、板司呢等,较厚实的有啥味呢、驼丝锦、贡呢等。休闲风格的西服面料大量使用棉、麻及化纤材料,使服装更易洗涤、易维护。

薄型精纺呢绒,见图3-7。

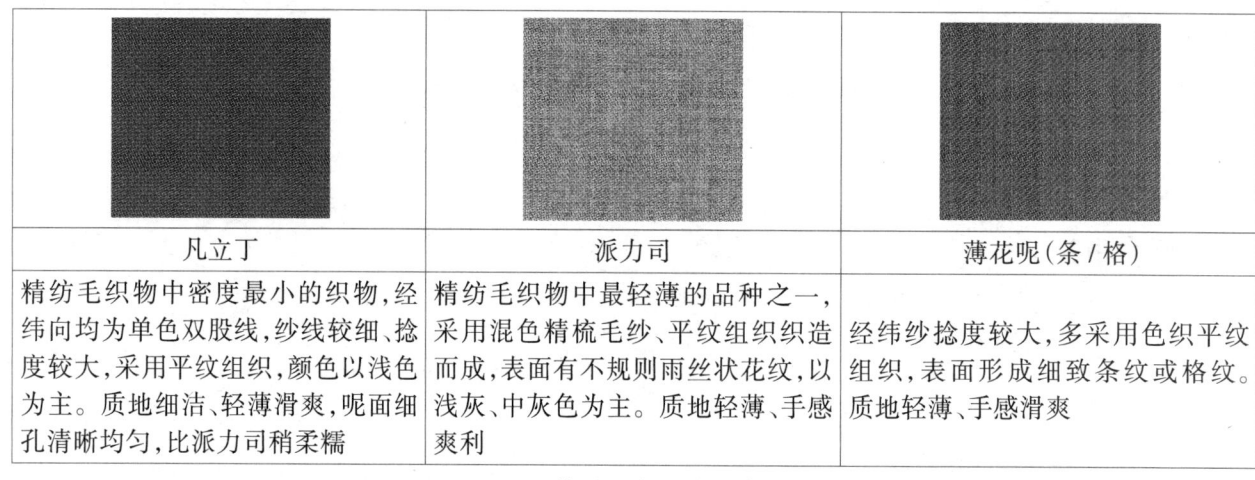

图 3-7　正装西服常用薄型精纺呢绒

中等厚度精纺呢绒，见图 3-8。

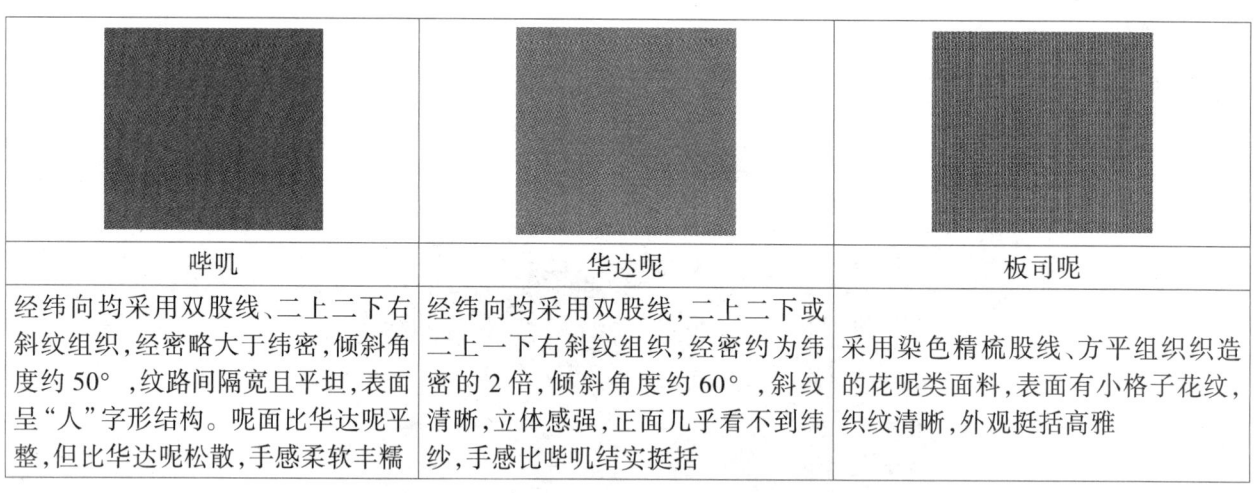

图 3-8　正装西服常用中等厚度精纺呢绒

较厚实精纺呢绒，见图 3-9。

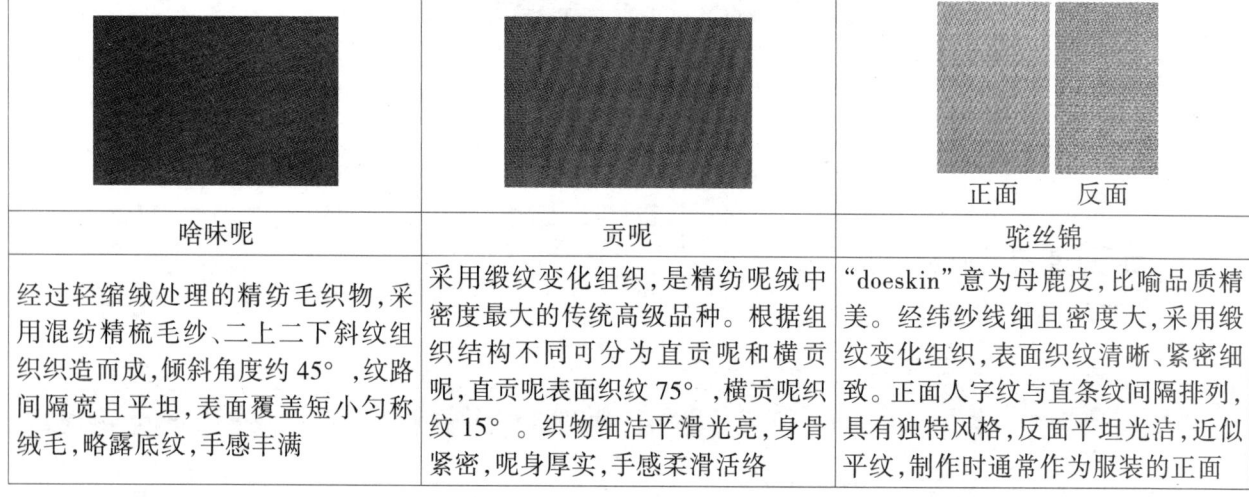

图 3-9　正装西服常用较厚实精纺呢绒

知识卡——毛型面料

毛型面料指用绵羊毛、山羊绒等动物毛纤维或毛纤维与仿毛纤维混纺而成的面料。

绵羊毛面料主要有以下特点：

◎ 吸湿性居所有纤维之首，因此穿着干爽舒适。

◎ 纤维天然卷曲蓬松，含气量大、保暖性好。

◎ 弹性、耐磨性非常好。

◎ 干态抗皱性好，因此服装保形性好。但由于湿态抗皱性差，洗可穿性差。

◎ 染色性能优良，易染色，且色泽鲜艳不易褪色。

◎ 会产生缩绒现象。

◎ 耐酸不耐碱。

◎ 耐虫蛀性、耐日光性均较差。

知识卡——全毛、混纺、仿毛面料识别

呢绒面料的原料主要为绵羊毛和各种仿毛型化学纤维。按面料成分的不同，可分为全毛（纯毛）、混纺、仿毛三种类型。利用手感目测法与燃烧法结合，可以识别出不同的纤维原料（表3-1）。

表3-1 呢绒面料识别法

品种	手感目测法		燃烧法
	手感	目测	
全毛精纺	身骨挺括，手感柔软。紧握面料后松开，折皱较少，能在短时间内消失	呢面光滑，织纹清晰，光泽自然柔和	烧毛发气味，燃烧后呈松脆黑灰
全毛粗纺	手感温暖，富有弹性，耐磨性好，悬垂性好	质地厚实，绒面丰满，色光柔和，不露底纹	烧毛发气味，燃烧后呈松脆黑灰
毛涤混纺	手感挺括较硬，弹性比全毛面料好。紧握面料后松开，基本无折皱，但悬垂性不如全毛	有闪光，缺乏柔润感	随着涤纶含量的增多，烧毛发气味逐渐减弱，部分灰烬不能捻碎
毛腈混纺	手感松软膨松，弹性较差，耐磨性较差	颜色鲜艳，富有毛感，绒面丰满蓬松	燃烧时伴有辛辣味
毛黏混纺	弹性较差，易折皱，悬垂感较差。黏胶含量越多，刺痒感越明显。多为粗纺呢绒	质地松散，略粗糙，光泽较暗	部分灰烬为灰白色软质灰
涤纶仿毛	弹性极好，穿着过程中易产生静电	织纹清晰，比全毛滑亮，光泽明亮不柔和	硬质灰烬，不能捻碎

2. 西服（套装）辅料运用

（1）衬料。西服外观挺括，除使用抗皱性好、弹性好的面料之外，还需要使用多种衬料来保证服装的造型，并弥补人体的不足。

知识卡——服装衬料

服装衬料是附着在服装面料或里料上的辅料,能起到平挺、支撑、加固、保型和降低缝制难度的作用。

衬料按厚薄分,可分为厚重型衬、中厚型衬、轻薄型衬。

按基布不同,可分为棉布衬、麻衬、毛衬、纸衬、经编衬等。

按使用部位不同,可分为肩衬、挺胸衬、裤腰装饰衬、牵条衬、袖山衬、领底呢、胸垫等,见图3-10。

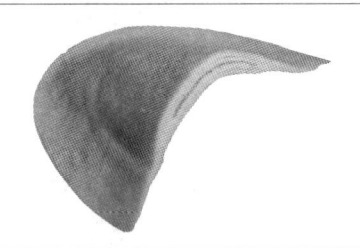		
肩衬(垫肩)	经编热熔黏合衬	挺胸衬
用于西服套装、风衣、大衣的肩部,大多用针刺的方法制成,中间夹黑炭衬,弹性和保型性更好。肩垫可以直接缝制,也可用尼龙搭襻或按扣固定,以便脱卸与更换	用于西服套装、风衣、大衣的前衣片及袖口、领面、袋盖等部位,基布采用经编针织面料,在一面上涂热熔胶,具有轻、软、弹等优点,纬向弹性非常好	用于西服前胸,由黑炭衬、马尾衬、针刺棉、牵条衬等富有弹性和刚度的衬料组合而成,使服装胸部更加饱满、美观
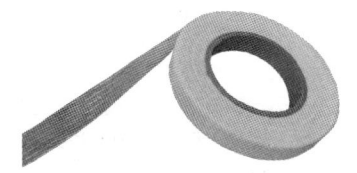		
牵条衬	裤腰衬	
用于外套袖窿、领圈、肩缝等易受力变形的部位,有牵制、固定和防脱散的作用。常见宽度有1 cm、1.5 cm、2 cm等规格,还有直条和斜条之分	用于西裤、休闲裤的裤腰内侧,有保形、防滑的作用,能防止置于裤腰内的衬衫下摆滑出。还能起到装饰和宣传自身品牌的作用	
	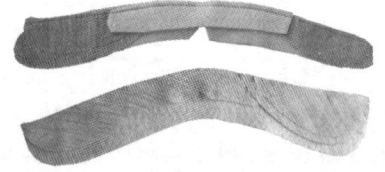	
领底呢	袖山衬	
作为高档西服的领里材料使用,其刚度和弹性极佳,可使西服领平挺不变形且富有弹性,有多种厚度和颜色,使用时可与面料相匹配	用于西服套装袖山,由黑炭衬、针刺棉和海绵等富有弹性和刚度的衬料组成,使袖山部位更加饱满、圆润	

图3-10 服装衬料

（2）袋布。要求使用紧密耐磨、防顶裂性能好且防滑性好的面料，因此高档西服的袋布不采用光滑的里料，常用涤棉混纺面料，既有棉的吸湿透气性，又具备涤纶的坚牢耐用性，组织结构以平纹和斜纹为主，斜纹小提花组织的面料更柔软厚实，可用于中厚型面料的服装袋布，见图3-11。

图3-11　涤棉混纺面料

练一练

请为图3-12中的西服选配面辅材料，并填入表3-2面辅料清单。

图3-12　西服样品款式图

表3-2　西服面辅料清单

名称	单位	数量	名称	单位	数量	名称	单位	数量
贴样			贴样			贴样		
名称	单位	数量	名称	单位	数量	名称	单位	数量
贴样			贴样			贴样		

 评一评

项目与标准		☺	😐	☹
课前准备	准备充分			
上课	认真思考，积极发表见解			
课后作业	保质保量，按时独立完成			
掌握情况	理解并掌握相关知识点			

任务三　礼服面辅料运用

任务目标

掌握礼服选配面料和辅料的方法。

任务导入

姐姐要结婚了,小筱作为伴娘,想为自己设计并制作一件独一无二的礼服参加婚礼。但是琳琅满目的礼服面料让她挑花了眼,请你帮她选一选吧。

 想一想

图3-13中礼服的面料特点分别是什么?

图3-13　礼服款式图

礼服是正装的一种,指在社交场合穿着的、符合一定礼仪规范的服装。从参加婚礼、祭礼等仪式,到赴宴、参加庆典等活动,穿着礼服也代表了参加者的重视与郑重。

礼服的英语是"formal dress",formal意为官方的、正式的,这体现了西方社会中,礼服的作用和穿着场合。而中国之所以称为"礼"服,是由于中国传统的儒家文化以"礼"为核心内容,各种礼仪服装从形制、色彩、纹样、质地等都有严格的规定,并形成了中国特有的传统服饰礼仪制度。在现代社会中,我国服饰文化在继承中华传统服饰礼仪文化的基础上,大量吸收借鉴西方礼仪文化,逐渐发展形成目前的中西交融的礼仪文化。在正式的场合中,中国人越来越重视礼服的穿着和搭配,男式礼服更注重材料质地的高档化和工艺制作的精细化;女式礼服更注重款式的新颖和独特。

面料选择方面,男式礼服多用质地细腻的黑色精纺毛料,如礼服呢、驼丝锦、华达呢、花呢等,领子选用光泽强的黑色缎纹丝织物。有光泽、细腻光滑的丝绸面料,如素软缎、塔夫绸、乔其纱、双绉、织锦缎等,则是女式礼服的首选。为了突出礼服的高贵与华丽,刺绣、钉珠、镶钻、烫金等装饰工艺常常与礼服相结合,起到画龙点睛的作用。

知识卡——丝型面料

丝型面料指用桑蚕丝、仿丝型纤维等为原料织成的各种纯纺或交织面料。仿丝型纤维有涤纶丝、锦纶丝、人造丝等。

纯桑蚕丝面料主要有以下特点:

◎ 光泽柔和,颜色鲜艳,外观高雅华丽。

◎ 手感滑爽,干态弹性及抗皱性均较好。

◎ 吸湿透气性好,穿着凉爽舒适。

◎ 耐酸不耐碱,不能用普通洗涤剂洗涤。

◎ 耐水性耐光性均差,经常洗涤或日晒易失去光泽、发黄发脆。

 学一学

1. 女式礼服面料运用

为表现礼服的高贵与华丽感,可以选择具有光泽感的缎纹组织、起绒组织,如素绉缎、桑波缎、金丝绒、乔其绒、天鹅绒、织锦缎、古香缎、云锦、色丁等;为表现礼服的轻盈感,可以选择柔软飘逸、悬垂性好的真丝纱、绉、绡,如乔其纱、双绉、顺纡绉、烂花绡、雪纺纱等;为表现礼服的体积感,可以选择硬挺的平纹塔夫绸、欧根纱等。

光泽型织物与服装,见图3-14。

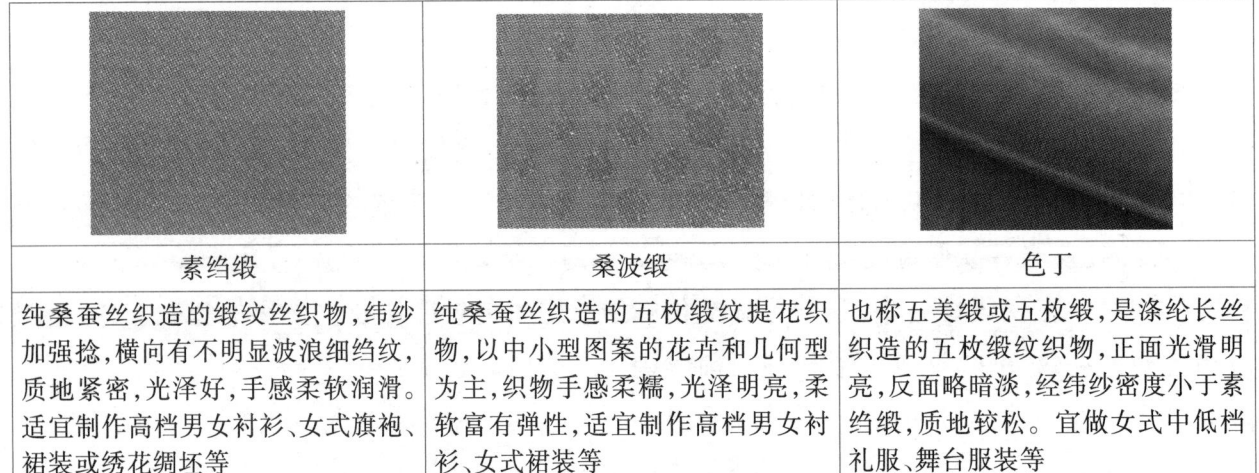

素绉缎	桑波缎	色丁
纯桑蚕丝织造的缎纹丝织物,纬纱加强捻,横向有不明显波浪细绉纹,质地紧密,光泽好,手感柔软润滑。适宜制作高档男女衬衫、女式旗袍裙装或绣花绸坯等	纯桑蚕丝织造的五枚缎纹提花织物,以中小型图案的花卉和几何型为主,织物手感柔糯,光泽明亮,柔软富有弹性,适宜制作高档男女衬衫、女式裙装等	也称五美缎或五枚缎,是涤纶长丝织造的五枚缎纹织物,正面光滑明亮,反面略暗淡,经纬纱密度小于素绉缎,质地较松。宜做女式中低档礼服、舞台服装等

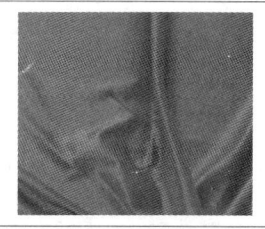	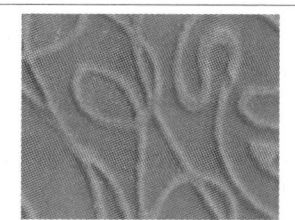	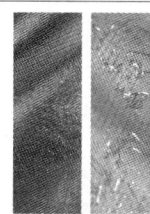
金丝绒	烂花绒	反光或嵌金属丝织物
地组织为平纹的割经起绒织物，绒毛密集耸立，稍有顺向倾斜，绒面丰满均匀，色光柔和，质地坚牢，手感柔软舒适，富有弹性。适宜制作西服上衣、外套、裙子、帽子或作装饰用布等	地组织为平纹，轻薄透明，绒毛丰润密集，凹凸分明。适宜制作裙装、少数民族服装及装饰用布等	随着科技水平的发展、新型纤维的开发、纺织染整工艺的变化，新型织物层出不穷。光泽型面料就是其中一种，表面光滑并能反射出亮光，有熠熠生辉之感，通常用作礼服面料

 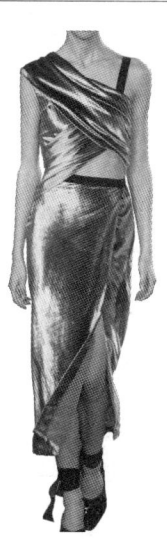  

素绉缎服装　　　金丝绒服装　　　烂花绒服装　　　嵌金属丝织物服装

图 3-14　光泽型织物与服装

飘逸型织物与服装，见图 3-15。

		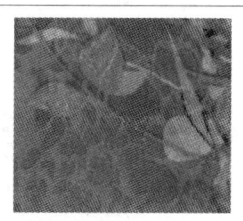
乔其纱	顺纡绉	烂花绡
平纹绉组织织物，表面有细绉纹，质地轻薄，透明飘逸，富有弹性，经纬纱密度极小，排列稀疏，纱孔清晰，缩水率大。适宜制作高档女裙装、衬衫、丝巾、舞台服装及宫灯等装饰品	平纹绉组织织物，表面有纵向条状细绉纹，密度稍大于乔其纱，质地轻薄飘逸，手感柔软富有弹性，用途与乔其纱相似	由真丝（或锦纶丝）与黏胶丝交织而成的织物。地组织轻薄透明，花纹光泽明亮，立体感强。主要用于制作高档女裙、衬衫、丝巾、舞台服装、窗纱等

| 雪纺纱服装 | 烂花绡服装 |

图 3-15　飘逸型织物与服装

知识卡——刚柔性与悬垂性

　　面料的硬挺和柔软程度称为刚柔性,与服装造型有密切关系。使用柔软面料制成的服装,外观造型流畅、自然、富有动感;使用刚硬面料制成的服装,外观挺拔、饱满、富有体积感。通常情况下,纱线越细、捻度越小,面料越柔软;织物密度越大、经纬纱交织次数越多,面料越刚硬;针织物比机织物柔软。

　　由于重力作用,面料在自然状态下形成曲率均匀的曲面的特性称为悬垂性。悬垂性好的面料,能够形成光滑流畅的曲面造型,给人以良好的视觉享受,如裙装、窗帘、桌布等的面料要求具有良好的悬垂性。通常情况下,纤维抗皱性越好、纱线捻度越大、织物越厚越紧密,越会导致悬垂性变差。

　　硬挺型织物与服装,见图 3-16。

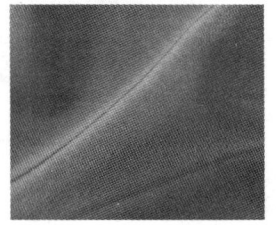	
塔夫绸	欧根纱
纯桑蚕丝织造的平纹织物,质地比缎类面料紧密轻薄且平挺,光泽晶莹柔和,适宜制作高档礼服、时装、风衣、羽绒被套、伞面等	由单根纯涤纶丝织造或涤丝与锦纶丝、涤丝与人造丝、锦纶丝与人造丝等交织的平纹织物。面料较硬,呈透明或半透明状,颜色鲜艳而丰富,可用于制作礼服、裙装、饰品袋、丝带等

塔夫绸服装　　　　　　　欧根纱服装

图 3-16　硬挺型织物与服装

知识卡——真丝与仿真丝面料识别

丝型面料的原料主要为纯桑蚕丝和各种仿丝型化学纤维。按原料成分不同,可分为真丝、人造丝、合纤丝三种类型。利用手感目测法与燃烧法结合,可以识别出不同的纤维原料(表 3-3)。

表 3-3　丝型面料识别法

品种	手感目测法		燃烧法
	手感	目测	
纯桑蚕丝	手感柔软且有凉爽感,强度较高、湿强与干强变化不大	光滑细腻、光泽柔和、色泽高雅华丽	烧毛发气味 松脆黑灰
柞蚕丝	手感略发黏	色泽比桑蚕丝差,略偏黄	烧毛发气味 松脆黑灰
黏胶丝	抗皱性较差	颜色绚丽、光滑明亮	灰白色,手触成粉末
涤纶丝	抗皱性非常好、强度高、手感较硬	颜色绚丽	黑褐色玻璃硬珠,不易压碎
锦纶丝	抗皱性较好	光泽较差、表面有蜡光	坚硬浅褐色圆珠
铜氨丝	质地滑爽,悬垂性好	颜色鲜艳,光泽柔和,纤维较细	灰白色,手触成粉末
醋酯丝	手感柔软,质量较轻	光泽较好	硬而脆的不规则黑块

知识链接——烂花布

烂花布是表面具有半透明花形图案的轻薄混纺或交织织物,可作为裙装、衬衫等服装用布或窗纱、桌布等装饰用布。

利用纤维不同的耐酸性能,把含有酸性成分的浆料通过丝网印在坯布上,经烘干、蒸化、水洗等工序,接触浆料的黏胶或棉纤维烂掉洗净后,露出底布,形成部分透明的烂花面料。

目前烂花布坯通常用棉纤维包涤纶长丝,另外还有用黏胶纤维包涤纶长丝、醋酸纤维包涤纶长丝、锦纶丝和有光黏胶丝交织、真丝与有光黏胶丝交织等品种。

2. 女式礼服里料运用

女式高档礼服常用的里料有电力纺、双绉、醋酯绸等柔软舒适、亲肤性好的布料;中低档礼服常用的里料有色丁、涤丝纺、尼丝纺,见图3-17。

醋酯绸

涤丝纺

图3-17 女式礼服常用里料

3. 女式礼服其他辅料运用

(1) 固紧类材料:大部分礼服的合体性要求较高,必须用配色隐形拉链辅助服装穿脱;尼龙搭襻和钩襻则可用于调节服装的局部尺寸,钩襻见图3-18。

(2) 衬托类材料:为使礼服具有良好的立体效果,需要一些衬料起到支撑、整形、增加厚度的作用,如胸垫可以衬托胸部;鱼骨可使服装更平挺;硬质纱网和裙撑能够撑开大型裙摆,见图3-19。

图3-18 钩襻

图3-19 裙撑

(3) 装饰类材料:礼服设计时常采用各种耀眼的珠片、水钻、人造宝石和精美的蕾丝、缎带等作为装饰,以达到精致华丽的装饰效果,见图3-20。

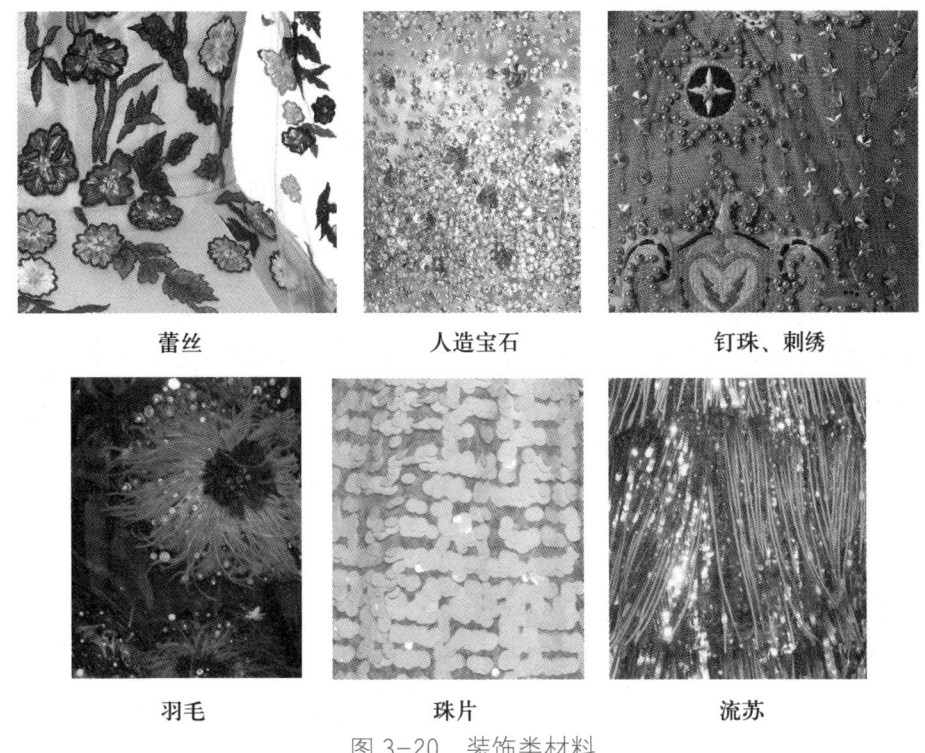

蕾丝　　人造宝石　　钉珠、刺绣

羽毛　　珠片　　流苏

图 3-20　装饰类材料

（4）缝合类材料：女式礼服面料多为轻薄型，机缝可选用 40S/2 涤丝缝纫线，或丝线，手工缝制珠片、挂钩时应选用透明锦纶丝线。

知识卡——丝型面料的种类

我国生产丝织品的历史悠久，依托丝绸产品开拓了举世闻名的"丝绸之路"。我国的国家级顶层战略"一带一路"行动，就是"丝绸之路经济带"和"21 世纪海上丝绸之路"的简称。丝型面料品种丰富多彩，"绡纺绉绸缎锦绢，绫罗纱葛绨呢绒"，这两句话概括了丝型面料的所有大类，下面介绍丝织品中的常见种类。

◎ 纺：采用桑蚕丝或人造丝、合纤丝为原料，以平纹组织织成的轻薄型丝织物。经纬纱不加捻或只加弱捻，面料表面平整细腻。代表品种有电力纺、杭纺、绢丝纺等。

◎ 绉：采用桑蚕丝、人造丝等原料交织，一般纬向均加强捻，经向可加弱捻或强捻，以强捻丝线交织产生绉效应。代表品种有双绉、乔其绉、顺纡绉等。

◎ 绸：采用基本组织、混用变化组织，或无其他类丝织物特征的、质地紧密的中厚型丝织物，品种较为繁杂。代表品种有双宫绸、绵绸、塔夫绸等。

◎ 缎：采用缎纹组织织造的色织大提花织物，经纬纱密度差距较大，使一组浮纱完全遮盖另一组纱线，以突出缎纹提花效果。代表品种有织锦缎、古香缎、软缎、绉缎等。

◎ 锦：我国传统高级多彩提花丝织物，主要以精炼染色的桑蚕丝、人造丝为原料，还常常使用各种金银丝。代表品种有蜀锦、云锦、宋锦等。

◎ 绫：采用斜纹或斜纹变化组织织造的丝织物，表面有明显斜向纹路，或由斜纹组成的山形、阶梯形等纹路。代表品种有真丝绫、美丽绸、裱画绫等。

◎ 罗：采用绞经组织的丝织物，分为横罗和直罗，直罗表面有经向排列的直条孔眼。

◎ 纱：轻薄透明的平纹薄型丝织物，代表品种有经纬丝均加强捻的芦山纱、表面经过涂层处理的香云纱等。

◎ 绒：用桑蚶丝或桑蚶丝与化纤丝交织成的起绒织物，也称丝绒，表面有耸立的绒毛，毛型或耸立或平卧。品种名目繁多，代表品种有天鹅绒（漳绒）、乔其绒、烂花绒、金丝绒。

做一做

面料的刚柔性和悬垂性可通过简单的实验进行测试。选择三种面料，分别比较它们的刚柔性和悬垂性，用"柔软""刚硬""悬垂性好""悬垂性差"等词语描述实验结果，并填入表3-4。

表3-4 面料刚柔性和悬垂性测试

	面料小样粘贴	A	B	C
刚柔性测试	将试样剪成同样宽度的长条，从桌面水平缓慢推出，当试样产生下垂接触下方斜面时，测量推出的长度。推出长度越短，试样越柔软			
悬垂性测试	将试样剪成圆形，置于水平的圆形托盘上，观察试样外围所形成的悬垂均匀度和悬垂曲线形态			

练一练

请为图3-21中的礼服选配面辅材料，并填入表3-5面辅材料清单。

图3-21 礼服样品款式图

表 3-5　礼服面辅料清单

名称	单位	数量	名称	单位	数量	名称	单位	数量
贴样			贴样			贴样		

名称	单位	数量	名称	单位	数量	名称	单位	数量
贴样			贴样			贴样		

 评一评

项目与标准		☺	😐	☹
课前准备	准备充分			
上课	认真思考，积极发表见解			
课后作业	保质保量，按时独立完成			
掌握情况	理解并掌握相关知识点			

项目四 童装面辅料运用

【项目概述】

童装,作为一种文化载体,对儿童的身心成长有着潜移默化的影响。

童装面料,作为童装设计表达的载体,它的安全性直接关系到儿童的健康成长。因而,其面料的选用比任何设计都更为重要,童装面料的安全性和服用功能性是童装消费者和设计师最关注的焦点。

童装主要有以下特点:首先,儿童生长较快,服装使用周期短;其次,儿童喜动不喜静、活动量大,且新陈代谢旺盛、易出汗,要求服装面料有良好的吸湿和透气性;最后,还要考虑服装辅料可能给儿童带来的意外伤害,如易脱落的纽扣、尖锐的金属部件、过长的绳带等,都不适合作为童装的辅料。本项目指导学生进行童装面辅材料的选配与运用,要求学生能根据童装的款式图或效果图进行面辅材料选配的方案设计。

本项目包括三个任务,分别是认识童装、家居内衣类童装面辅料运用、童装外服面辅料运用。

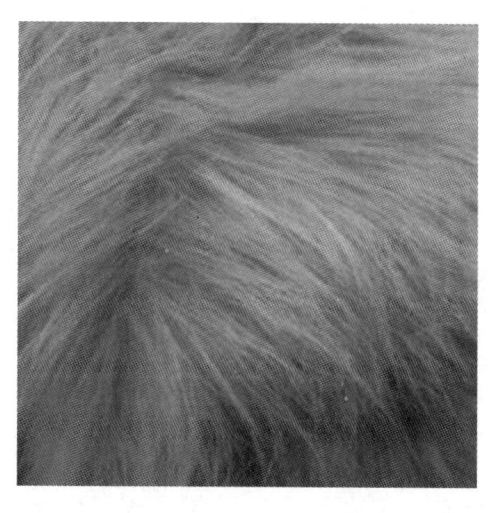

任务一 认识童装

任务目标
知晓各类童装的风格特征和适用面料。

任务导入
小筱同学在经过一段时间的实习之后,得到了周围同事的认可。这时,设计师又给她出了个难题:根据服装效果图采购一批童装的面辅料。
那么,什么是童装,童装面料和成人装面料相比有何不同呢?

 想一想

收集童装款式图,想一想什么是童装?童装可以分为哪些类别?

童装即儿童服装,是指未成年人的服装,它包括婴儿、幼儿、学龄前儿童以及少年儿童等各年龄阶段儿童的着装。由于儿童的心理不成熟,好奇心强且没有行为控制能力或行为控制能力较弱,而且儿童的身体发育快、变化大,所以童装比成年装更讲究装饰性、安全性和功能性。

童装的种类很多,按照设计风格可分为休闲风格童装、运动风格童装、学院风格童装、前卫风格童装、田园风格童装、民族风格童装、卡通风格童装等;按照年龄可分为婴儿装、幼儿装、小童装、中童装、大童(少年)装;按照用途可分为校服、居家服、日常装、运动装、节日盛装等。

学一学

根据不同年龄对童装进行分类,是童装最主要的分类方式。一般来说,可以将儿童成长期大致分为五个阶段:婴儿(0—1岁)、幼儿(1—3岁)、小童(4—6岁)、中童(7—12岁)、大童(13—17岁)。

不同年龄阶段的童装对于面辅料也有着不同的要求。

一、婴儿装

由于婴儿期是人一生中最为娇嫩和最需要保护的时期,因此,婴儿装面料应选择柔软且具有良好伸缩性、吸湿性、透气性和保暖性的精纺天然纤维,以全棉织品为最佳,见图4-1,如纯棉布、绒布等柔软的棉织物等,棉布轻松保暖、柔和贴身,吸湿性、透气性非常好,绒布手感柔软、保暖性强、无刺激。另外,婴儿装也可以选用细布或纱府绸,其布面细密柔软。注意,婴儿装不能用硬质辅料,以免损伤婴儿。

图4-1 婴儿装

二、幼儿装

幼儿活泼好动,幼儿服装需要便于活动和穿脱,这一时期,儿童的大幅度运动能力相对婴儿期已经有了质的提升,面料需要有一定的坚牢性、耐磨性、耐脏易洗。春夏季可选用透气吸湿的棉麻纱布、泡泡纱、巴厘纱、高支纱针织面料,见图4-2;秋冬季宜用保暖性好的针织面料,全棉或棉混纺皆可。另外,膝盖、肘部等关键部位可用耐磨性强的涤卡、斜纹布、灯芯绒等面料进行拼接。

图4-2 幼儿装

三、小童装

小童的年龄从4岁到6岁,这一时期的孩子已进入幼儿园过集体生活,服装需要简单易脱。小童装面料以纯棉起绒针织布、纯棉布、灯芯绒布及涤棉混纺布居多。一般春夏可用泡泡纱、纯棉细布、条格布、色织布、竹节棉布等穿着凉爽透气的面料,见图4-3;秋冬宜用隔热保暖性好、耐洗穿的纱卡斜纹布、灯芯绒等。

图 4-3　小童装

四、中童装

中童已进入小学,因此要考虑到日常生活以及课堂和课外活动的需要。此时的儿童装面料范围较广,天然纤维和化学纤维织物均可使用。天然纤维中可使用棉布、麻纱等质轻结实的面料以及灯芯绒、劳动布等厚实耐用的面料;混纺纤维中可选用涤棉细布、中长花呢、坚固呢、涤纶哔叽等,见图 4-4。

图 4-4　中童装

五、大童(少年)装

大童装介于青年装和中童装之间,应以简单大方、宽松实用的服装为主。大童装的材料根据功用的不同,应有不同的选择。居家服还是以天然纤维面料为主,如真丝、棉等。外服的选择更多采用化纤面料,以达到易洗、耐脏、耐磨的功用,牛仔面料经常作为大童外服的主要面料。另外,少年处于生长发育期,身高增长迅速,面料价格不宜太高,见图 4-5。

图 4-5　大童(少年)装

知识链接——童装的前世今生

在很长一段历史中,儿童的穿着像是微型的成人,从欧洲文艺复兴或美国殖民地的肖像画中可以看到,儿童的穿着与当时成人的款式一样,都是相同低领的衣服、裙撑和马裤。

19世纪末期,儿童服装终于开始有别于成人的服装,他们穿校服,如所有的小女孩都穿着黄褐色的服装,配深色高系扣鞋、长及小腿肚的裙子和深色袜子。

这一时期童装的特点是,衣服做得偏大一些,好赶上孩子不断长高的个头;童装缝制得很结实,这样小了可以传给年龄小的孩子。厂家能够提供的服装款式非常有限。

童装业接下来的一个重要变化发生在20世纪初期,录音机和电影进入美国人生活的时候,全国的母亲们都把女儿打扮得像当时的童星秀兰·邓波(Shirley Temple),把儿子打扮成英雄牛仔;青少年把自己打扮成朱迪·加兰(Judy Garland)、米奇·鲁尼(MICKEY ROONEY)等令无数青少年崇拜的明星的样子。

尽管20世纪初已有一些设计师专门研究高价位的童装,但直到第一次世界大战之后,新式童装才紧随着女装业开始商业生产和销售。

20世纪50年代,电视进入美国家庭,电视广告商很快便发现儿童是最大的电视观众群之一,可以是广告直接面对的目标。从豪迪·杜迪(Howdy Doody)到米老鼠俱乐部(Mickey Mouse Club)拥有90年代的无数追随者。孩子们既喜欢看电视也喜欢看广告,这在一定程度上促使童装生产有了一个新的飞跃。

适合不同年龄的电视节目引领了每个年龄段的服装款式,如学前阶段的电视节目"芝麻街"(SESAME STREET)和高中生喜欢的"贝弗利山90210"(BEVERLY HILL 90210)以及后来的"一无所知"(CLUELESS)。

目前童装行业已相对成熟,童装品类更加多元化,童装设计更加符合儿童生理和心理特点。

练一练

请根据图4-6中童装,判断其分别适合哪个年龄阶段的儿童以及适合的面料,并填入表4-1中。

项目四 童装面辅料运用　73

款式1　　　　　　　款式2

款式3　　　　　款式4　　　　　款式5

图 4-6

表 4-1　款式分析表

款式	年龄阶段	适合面料
款式 1		
款式 2		
款式 3		
款式 4		
款式 5		

评一评

项目与标准		☺	😐	☹
课前准备	准备充分			
上课	认真思考,积极发表见解			
课后作业	保质保量,按时独立完成			
掌握情况	理解并掌握相关知识点			

任务二　家居内衣类童装面辅料运用

任务目标

懂得家居内衣类童装选配面料和辅料的方法。

任务导入

小筱试着将所有的童装款式图从功用上分类,发现可以分为家居内衣类童装与外服童装两大类,而家居内衣类童装又可细分为家居童装和儿童内衣。那么家居内衣类童装选配面辅材料时应该注意哪些呢?请你帮助小筱选择一下吧。

想一想

图 4-7 中童装哪几种属于家居童装,哪几种属于儿童内衣?

图 4-7

学一学

家居内衣类童装可分为家居童装和儿童内衣两大类。其中家居童装是儿童在家中休息和睡眠时穿着的服装,可分为睡衣套服、睡裙、起居服等;儿童内衣则是穿在身体最内侧的服装,直接接触皮肤,需以保健为第一要素。家居内衣类童装所采用的面料需要具有触感舒适、吸湿性能好、细密透气、环保安全等特性。

家居内衣类童装面辅材料运用

家居内衣类童装款式,见图4-8。

正面

背面

图4-8

1. 家居内衣类童装面料运用

面料要求天然环保、柔软舒适,常用的棉型面料有汗布、纱布、毛巾布、府绸、竹节棉、夹棉针织布等;麻型面料有夏布和罗布麻等;另外,天然的丝型及毛型纤维有时也会应用于家居服装。

棉型面料,见图4-9。

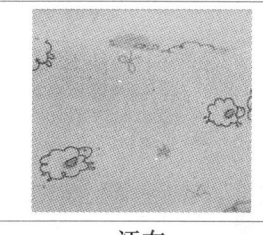		
汗布	纱布	毛巾布
指制作内衣的纬平针织物,布面光洁、纹路清晰、质地细密、手感滑爽,纵、横向具有较好的延伸性,且横向比纵向延伸性大,吸湿性与透气性较好,用于制作各种款式的汗衫和背心	双层或多层组织,吸水性、透气性极佳。用纯棉纱织造,用作婴儿尿布、睡衣等	织物的表面竖立着环状纱圈的针织物。具有良好的延伸性、弹性、抗皱性、保暖性和吸湿性
		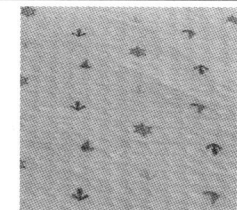
府绸	竹节棉	夹棉针织布
棉或棉混纺纱织成的平纹细密织物,质地细密、平滑而有光泽、垂感好。表面有菱形颗粒是府绸面料的主要特征	也叫天竺棉,面料表面有规则的抽纱和挑纱,形成类似竹节样的纹理效果。高透气性,抗拉伸,高吸湿性	复合材料的一种,表面是针织布,填料为合成纤维或棉絮,手感柔软,具有良好的保暖性,适合做睡衣、保暖内衣

图4-9

丝型面料见图4-10。

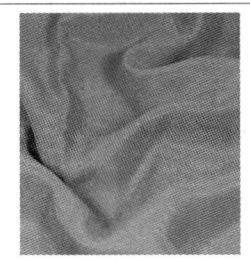		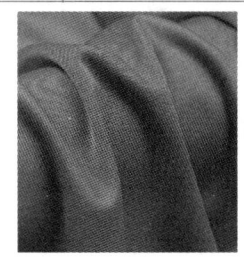
铜氨丝	牛奶丝	针织真丝
铜氨纤维具有良好的爽滑性和抗静电性，洗涤后不易残留洗涤剂，对肌肤的摩擦刺激少，可以很好地呵护肌肤。铜氨丝还具有卓越的吸放湿性，具有冬暖夏凉的功效，可称之为"呼吸型纤维"	柔软亲肤，吸湿性能佳，耐磨性、抗起球性、着色性、强力均优于羊绒，而且牛奶蛋白中含有氨基酸，人体不会排斥这种面料，相当于人的一层皮肤	具有针织类产品较好的弹性和穿着的舒适性，同时具有真丝类产品爽滑、保健、透气的功效，是一种高档面料

图4-10

2. 家居内衣类童装辅料运用

尼龙搭襻，行业内又称雌雄带或子母扣，是服装、箱包、鞋帽上常用的一种连接型辅料。它分两面，毛面是细软的绒圈状纤维，钩面是带有细钩的弹性纤维。两面相对，在受到一定横力的情况下，富有弹性的钩被拉直，从绒圈上松掉而打开，然后又恢复原有的钩型，优质的尼龙搭襻可反复开合达一万次之多，见图4-11。

图4-11

知识卡——儿童服装安全

(1) 外在质量

童装附件应耐用、光滑、无锈、无缺件，不允许有毛刺、可触及性锐利边缘和尖端；三岁及以下儿童穿着的服装不应使用在外观上与食物相似的附件。不应使用含有刚性成分的组合纽扣，组合纽扣是指两种或两种以上不同材料通过一定的方式组合而成的纽扣。童装不允许用昆虫、鸟类和啮齿类动物的不卫生物质。童装颗粒状填充材料的最大尺寸小于或等于3 mm时，应有内胆包裹。

附带供儿童玩耍的小物品应符合玩具安全类的国家标准,即 GB 6675.1~6675.4—2014 的要求。

(2) 内在质量

童装面料的甲醛含量、pH、色牢度(耐水、耐汗渍、耐干摩擦、耐唾液)、异味、可分解芳香胺染料应符合《国家纺织产品基本安全技术规范》(GB 18401—2010)的要求。此外,面料燃烧性能、附件镍标准释放量以及填充材料的安全、卫生指标等均需符合相关标准。

(3) 包装

童装包装物及童装包装过程中使用的定型用品不得使用金属材料;内外包装材料应清洁、干燥;使用印有文字、图案的包装袋,其文字、图案不应污染产品。

包装用的塑料薄膜袋或面积大于 100 mm×100 mm 的软塑料薄膜厚度应符合 GB 6675—2014 的要求;

塑料薄膜(袋)需附安全警示,应有类似下述警示:

——"请及时将包装袋收好,避免儿童玩耍引起窒息。"

——"应远离儿童,塑料薄膜会吸附在鼻子和嘴上并使人窒息。"

知识卡——《国家纺织产品基本安全技术规范》

《国家纺织产品基本安全技术规范》(GB 18401—2010)是强制性国家标准。纺织产品在印染和后整理等过程中要加入各种染料、助剂等,这些整理剂中或多或少地含有或能产生对人体有害的物质,如甲醛、重金属、酸碱性物质等。当有害物质残留在纺织品上并达到一定量时,就会对人们的皮肤乃至人体健康造成危害。因此,有必要对纺织产品提出安全方面的最基本的技术要求,使纺织产品在生产、流通和消费过程中能够保障人体健康和人身安全。

《国家纺织产品基本安全技术规范》规定,婴幼儿类纺织品必须达到 A 类要求,即甲醛含量不得超过 20 mg/kg,包括婴幼儿使用的尿布、内衣、围嘴、睡衣、手套、袜子、床上用品等;直接接触皮肤的产品必须达到 B 类要求,即甲醛含量不得超过 75 mg/kg,包括文胸、内衣、衬衫、裙子、裤子、睡衣、床上用品等;非直接接触皮肤的产品必须达到 C 类要求,即甲醛含量不得超过 300 mg/kg,包括外套、羊毛衫、窗帘、沙发套等。

部分偶氮染料在特殊条件下能分解产生 20 多种致癌芳香胺化合物,这些化合物会被人体吸收,经过一系列活化作用使人体细胞的 DNA 发生结构与功能的变化,成为人体病变的诱因,已被列为禁用染料。

练一练

请为图 4-12 家居童装选配面辅材料,并填入表 4-2。

图 4-12

表 4-2 家居童装面辅料清单

名称	单位	数量	名称	单位	数量	名称	单位	数量
贴样			贴样			贴样		

名称	单位	数量	名称	单位	数量	名称	单位	数量
贴样			贴样			贴样		

评一评

项目与标准		☺	☻	☹
课前准备	准备充分			
上课	认真思考,积极发表见解			
课后作业	保质保量,按时独立完成			
掌握情况	理解并掌握相关知识点			

任务三　童装外服面辅料运用

任务目标
掌握童装外服面料的特点以及童装外服选配面料和辅料的方法。

任务导入
小筱终于厘清了家居内衣类童装的面辅料，但是面对童装外服的面辅料她又犯了难。大家再来帮她一下吧。

想一想

图 4-13 中童装外服的款式有什么特点？

图 4-13

学一学

童装外服的种类非常多，有外套、衬衫、马甲、裤装、裙装、披肩……有些品类出现频率高，属于有代表性的典型款式；有些品类出现频率较低，属于从属地位。按功能划分，比较常见的款式有：儿童休闲装、儿童针织毛衫、儿童运动服、儿童节日盛装等，不同款式童装外服的面辅料有较大的差异。

一、儿童休闲装面辅材料运用

儿童休闲装款式,见图4-14。

图4-14

1. 儿童休闲装面料运用

棉型面料,见图4-15。

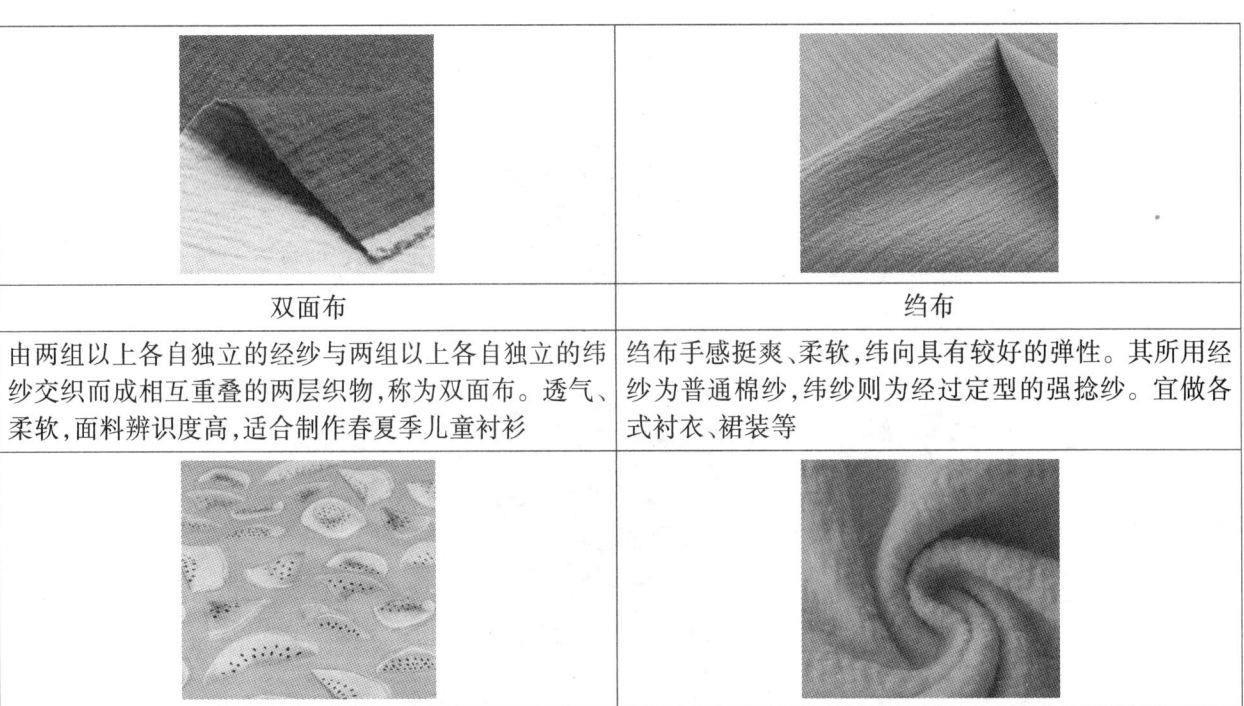

双面布	绉布
由两组以上各自独立的经纱与两组以上各自独立的纬纱交织而成相互重叠的两层织物,称为双面布。透气、柔软,面料辨识度高,适合制作春夏季儿童衬衫	绉布手感挺爽、柔软,纬向具有较好的弹性。其所用经纱为普通棉纱,纬纱则为经过定型的强捻纱。宜做各式衬衣、裙装等
印花棉布	轧纹布
印花棉布是棉布经棉坯布印花纸或其他印花工艺高温印染加工而成,图案天马行空、色彩分明,可以自由设计。在童装当中应用非常广泛	是经过特殊整理、布面呈凹凸花纹的薄型棉布,又称凹凸轧花布、浮雕印花布。花纹富于立体感,有一定的耐洗性,穿着挺爽舒适,宜作夏季衬衫、衣裙等

图4-15

毛型面料,见图4-16。

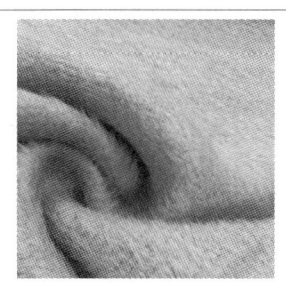	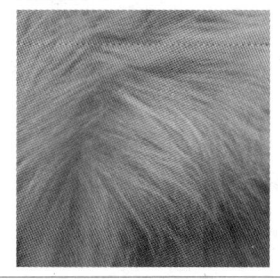
驼绒	长毛绒
驼绒是骆驼绒的简称,驼绒是取自骆驼腹部的绒毛,色泽杏黄、柔软蓬松,驼制品有轻、柔、耐磨、保暖的特点,驼绒纤维为中空状结构,有利于空气的储存,是理想的天然御寒保健品和制作高档毛纺织品的原料	布面起毛、状似裘皮的绒类织物,俗称"海虎绒"。正面有密集的毛纤维均匀覆盖,绒面丰满平整,富于膘光、有弹性,保暖性能良好。主要用于大衣、衣里、衣领、冬帽、毛绒玩具等

图 4-16

2. 儿童休闲装辅料运用

为了使服装符合儿童天真活泼、纯真可爱的特点,儿童休闲装经常会采用装饰性辅料,主要包括:珠片、烫钻、布贴等,见图 4-17。

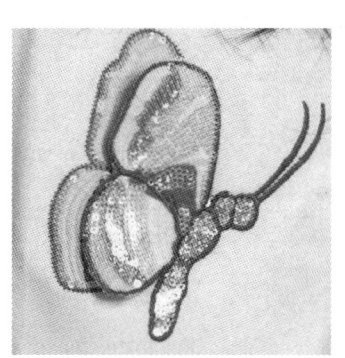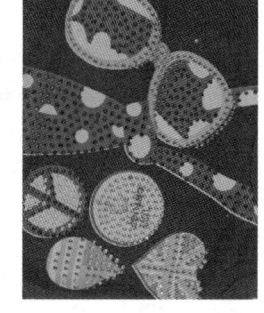

图 4-17

二、儿童针织毛衫面辅材料运用

儿童针织毛衫款式,见图 4-18。

图 4-18

针织毛衫是儿童针织服装的一种,儿童针织服主要包括以针织布为面料的童装,也包括以编织的形式制成的儿童毛衫。儿童针织毛衫广泛应用于秋冬童装设计中,主要是指用羊毛、兔毛、马海毛、驼绒、山羊绒等各类毛纱线或毛型化纤纱线编织的童装,俗称毛衣。儿童毛衫大多采用纬编组织,组织结构主要包括:平针组织、罗纹组织、变化平针组织、提花组织等,见图4-19。

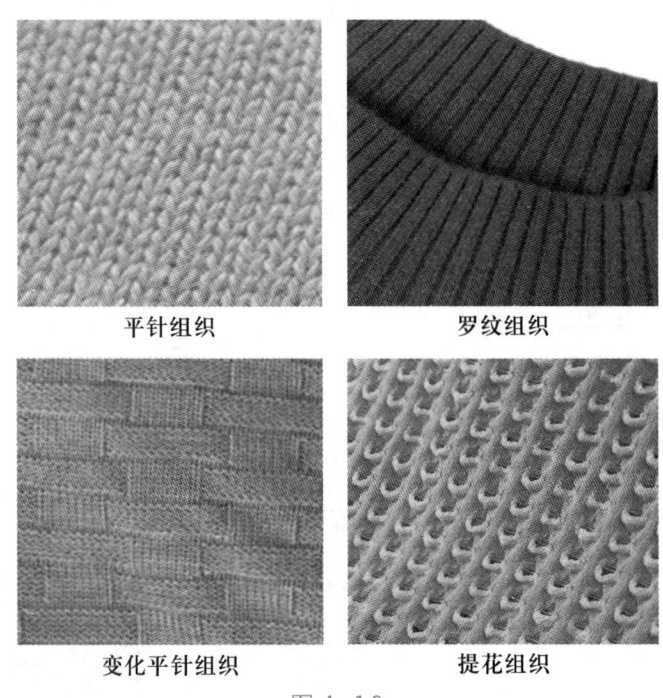

图4-19

知识卡——针织物组织

针织物组织是服装面料的一个大类,现代针织面料以其独特的性能优势,在内衣、羊毛衫、T恤衫和运动装中广泛应用,发展速度超过了机织面料。毛纱是构成儿童针织毛衫的基本材料,最常见的有羊毛纱和羊绒毛纱。羊毛毛纱主要用于手编和机织,是以羊毛为原料纺制而成的单纱或股线。

羊绒毛纱,羊绒号称"软黄金""纤维之王",羊绒纱线与普通羊毛纱线相比,具有轻柔薄暖的特点,可以贴身穿着。

针织物是由线圈相互串套而成的,线圈是构成针织物的基本单元。按照构成针织物的纱线的排列方向,可分为纬编针织物和经编针织物两种。纬编针织物组织包括平针组织、罗纹组织、双反面组织等;经编针织物组织包括经平组织、经缎组织等。

平针组织是纬编针织物的基本组织之一,由连续的单元线圈单向相互串套而成,纵向和横向均具有较好的延伸性,织物正面有平滑感,缺点是易脱散和易卷边以及线圈歪斜,常用于内外衣、袜子、手套等穿着用品和工业包装布等。

罗纹组织由正面线圈纵行和反面线圈纵行以一定形式组合配置而成，在横向拉伸时具有较大的弹性和延伸性，因而常用于需要一定弹性的内外衣制品，如弹力衫、弹力背心、套衫袖口、领口、裤口、袜口等。

变化平针组织的基本组织和性能与平针组织相同，但经过巧妙设计，能够呈现多种花型变化，更显别致时尚。

提花组织是针织物的一种花色组织，也叫"大花纹组织"。把纱线垫放在按花纹要求所选择的织针上编织成圈而形成。构成的织物花纹较大，图案也较复杂。

知识链接——羊绒

羊绒（Cashmere）是生长在山羊外表皮层，掩在山羊粗毛根部的一层薄薄的细绒，入冬寒冷时长出，抵御风寒，开春转暖后脱落，属于稀有的特种动物纤维。羊绒之所以十分珍贵，不仅由于产量稀少（仅占世界动物纤维总产量的0.2%），更重要的是其优良的品质和特性，交易中以克论价，被人们认为是"纤维宝石"。世界上约70%的羊绒产自中国，其质量也优于其他国家。

山羊产绒的季节性很强，在每年4、5月份。为防止山羊绒自然脱落，一般在羊绒顶起时随即抓绒。抓绒时宜先抓脊背部，然后两肋，最后再抓腹、头、腿部，按此程序抓取的羊绒品质最高。

三、儿童运动服

儿童运动服是儿童在进行体育活动时穿着的服装，为方便儿童穿脱，常在腰、袖口、下脚口采用松紧，款式以无袖运动套装、短袖运动套装和长袖运动套装为主。所采用的面料要结实耐磨、拉伸性好，常采用混纺织物，以耐穿、耐洗、耐日晒、保型性好、穿着舒适为宜，见图4-20。

图4-20

知识卡——耐磨性

磨损是服装破损的主要原因之一,面料的耐磨性是指面料对外力磨损的耐受性,直接影响服装的坚牢度。常见的磨损方式有平磨、曲磨和折边磨三种。平磨是作用在较大面积的平面上,如臀部、袜底等处。曲磨是作用在弯曲部位的磨损,如肘部、膝部等处。折边磨是作用在服装折边处的磨损,如领口、袖口、裤脚口等处。

测定面料耐磨性的方式有两种,一种是实际穿着试验,虽然实验手段、实验结果符合实际情况,但花费的时间与成本较高,因此常用另一种方式,在实验室内使用相关设备进行检测。

影响面料耐磨性的决定因素是纤维的性能,纤维强度大、弹性好,则耐磨性好。天然纤维中耐磨性最好的是羊毛纤维,最差的是麻纤维;化学纤维中耐磨性最好的是锦纶。

耐磨性还受纱线结构、织物组织以及染整后加工因素影响。通常情况下,纱线越粗,耐磨性越好;纱线捻度适当增大,有利于耐磨性提高;股线组织面料的耐磨性比单纱组织面料好;织物密度松紧适宜时耐磨性好;树脂整理能够提高面料耐磨性。

四、儿童节日盛装

儿童节日盛装是一种具有很强的儿童特征的服装,适合儿童在各种喜庆场合穿着,如过节、参加舞台表演、典礼仪式等。女童盛装的基本形式是连衣裙,常用丝绒、平绒、纱类织物、化纤仿真丝绸、蕾丝等面料;男童盛装的基本形式是西装,常用薄型斜纹呢、法兰绒、凡立丁、苏格兰呢、平绒等,见图4-21。

图4-21

练一练

请为图4-22儿童休闲装选配面辅材料,并填入表4-3。

图 4-22

表 4-3 儿童休闲装面辅材料清单

名称	单位	数量	名称	单位	数量	名称	单位	数量
贴样			贴样			贴样		
名称	单位	数量	名称	单位	数量	名称	单位	数量
贴样			贴样			贴样		

评一评

项目与标准		☺	☺	☹
课前准备	准备充分			
上课	认真思考,积极发表见解			
课后作业	保质保量,按时独立完成			
掌握情况	理解并掌握相关知识点			

项目五 运动装面辅料运用

【项目概述】

随着现代社会的发展,人们越来越注重健康运动,运动装的品种也随之不断增加并迅速普及。运动装不仅包括运动员参加体育运动竞技时穿着的专业服装,还包括人们参加户外体育锻炼和旅游活动的轻便服装。从事体育运动的人对于运动的形式、目的和需求不同,对服装的功能性需求也完全不同。用于运动服装的面料种类繁多,梭织面料和针织面料以及其他新型功能性纤维面料均可作为运动装面料,因此根据设计需求选择适合的服装面料和服装辅料尤为重要。

本项目指导学生根据设计需求进行运动装面辅材料的选配与运用,要求学生能根据运动装的款式图或效果图进行面辅材料选配的方案设计。

本项目包括四个任务,分别是认识运动装、体操服面辅料运用、登山服面辅料运用、运动卫衣面辅料运用。

任务一 认识运动装

任务目标
知晓常见运动装的风格特征和适用面料。

任务导入
设计师把新设计的运动装系列图稿交给小筱同学,让她根据图稿的风格特征去选配适合的面辅材料。刚接触运动装的小筱为了更好地完成任务,首先调研了运动装市场。什么是运动装呢?

 想一想

收集运动装款式图,想一想什么是运动装?运动装面料的特点是什么?

运动装是人们参加体育竞技运动和从事户外体育活动时穿着的服装。运动装是能给人们的运动带来方便且具备吸湿、透气、弹力、贴身等功能的一类服装,它分为专业运动装和非专业运动装两大类。专业运动装即运动员比赛服、训练服及一些专业户外人士所穿服装,例如登山服、篮球服、体操服等;它们能够为运动员提供最佳的身体外部环境,创造优异的体育成绩。非专业运动装也可称为康体休闲运动装,多用于一些基于健身、爱好或由于交际的需要而经常进行体育运动的人士,它们也需要能够为穿着者提供优异的舒适性。

目前运动装面料趋向于更加吸湿、透气、轻薄、柔软、耐穿且易洗快干,能在最大程度上发挥运动员的潜能,又能提高穿着的舒适性。可以说,功能型运动服的面料开发水平,是体现面料科技发达程度的标杆。

知识链接——运动装的功能性

保护蔽体功能

体育运动种类多样且具有一定的危险性,对服装的要求是必须具有保护功能,能够适应恶劣天气和复杂的环境,以保障运动员的安全。例如:登山、滑雪、击剑等体育运动项目。

透湿透气功能

体育运动发热量大,汗液蒸发多,而这些热量的 90% 是通过人体皮肤汗腺排出,所以要求运动装的透湿性和透气性能好。

延伸回弹功能

运动装一个主要的功能就是延伸性和弹性恢复性能,运动时能够舒展自如,例如体操服、游泳服、滑雪服、赛车服、健美操服装等。

御寒保暖功能

某些体育运动要求服装具有一定的保暖功能,主要作用是隔离人体和外界冷空气直接接触,与织物的厚度密切相关,但又不能过重而影响运动成绩。因此,保暖又轻便的面料才符合要求,例如大部分冰雪项目运动装和登山服装等。

抗菌保健功能

对于连续穿用时间较长的紧身服如体操服、游泳衣、骑行服等运动装,由于受热湿、汗气作用的时间长,容易在人体与服装之间滋长细菌,使人体患皮肤病。因此,运动装要具备良好的抗菌保健功能。

抗紫外线功能

体育运动大多是在户外进行的运动,因此要求运动装具有良好的抗紫外线功能。目前可以通过使用具有抗紫外线功能的纱线也可以对织物进行抗紫外线的后整理达到抗紫外线功能。

 学一学

一、专业运动装

1. 田径服

运动员以穿背心、短裤为主。一般要求背心贴体,短裤易于跨步,见图 5-1。要求面料轻便以及吸湿排汗快,采用吸湿、透气性能良好的针织面料居多。

图 5-1 田径服

2. 球类运动装

通常以短裤配套头式上衣,球类运动装需要一定的宽松量,见图 5-2。要求面料排汗、透气、速干,常用面料有聚酯纤维面料与棉混纺面料、针织网眼布等。

图 5-2　球类运动装

3. 水上运动装

从事游泳、跳水、水球、滑水板、冲浪、潜泳等运动时,运动员主要穿着紧身游泳衣,又称泳装,见图 5-3。对游泳衣的基本要求是运动员在水下动作时不鼓胀兜水,减少水中阻力,因此宜用密度高、伸缩性好、布面光滑的氨纶、锦纶等化纤类针织物制作。此外新型服装材料的运用对运动成绩提高也有一定的帮助,如鲨鱼皮泳衣、特氟纶纤维泳衣。

图 5-3　水上运动装

4. 举重服

举重比赛时运动员多穿厚实坚牢的紧身针织背心或短袖上衣,配以背带短裤、腰束宽皮带,见图 5-4。要求面料具有良好的吸湿性及透湿性,延伸性佳,不影响身体的伸展。常用的面料有涤氨或锦氨弹力类面料以及可调节身体温度的智能型面料。

5. 摔跤服

摔跤服因摔跤项目而异。如蒙古式摔跤穿用皮制无袖短上衣,又称"褡裢"。柔道、空手道穿用传统中式白色斜襟衫,见图 5-5。常用面料有棉布、绸缎和弹力针织布。

图 5-4　举重服

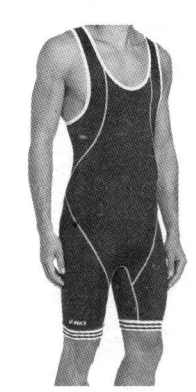

图 5-5　摔跤服

6. 体操服

体操服多为紧身款式,在保证运动员技术发挥自如的前提下,凸显人体及其动作的优美。男子一般穿短裤或长裤配背心,女子穿针织紧身衣或连袜衣,见图 5-6。面料常选用伸缩性能好、颜色鲜艳、有光泽的织物,如弹力丝绒、烫金氨纶、锦纶。

图 5-6　体操服

7. 冰上运动装

冰上运动装的要求是保暖、尽可能贴身合体,以减少空气阻力,适合快速运动。见图 5-7。一般采用较厚实的羊毛或其他混纺毛纤维针织服,新型材料运用的有含碳化锆粒子的面料,此面料可将太阳能转化为热能。

图 5-7 冰上运动装

8. 登山服

一般采用柔软耐磨的毛织紧身衣裤,要求保温性能好、易吸热,颜色鲜艳,在冰雪中容易被识别,另外还强调具有防水、防风的功能,以及具有保护功能的内层衣服,见图 5-8。常用面料有吸湿透气性较好的锦纶和涤纶涂层复合面料。

图 5-8 登山服

9. 击剑服

击剑服首先注重护体,其次需轻便。上衣一般用厚棉垫、皮革、硬塑料和金属制成保护层,按不同剑种,击剑服保护层的要求略有不同,见图 5-9。

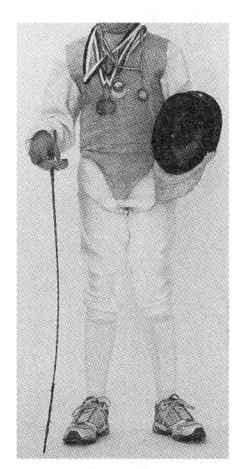

图 5-9 击剑服

二、康体休闲运动装

1. 康体运动装

是热爱锻炼身体的人穿着的运动服饰,注重穿着的功能性和舒适性,见图5-10。常用的面料有拉绒布、棉毛布、涤盖棉等针织面料。

图5-10 康体运动装

2. 时尚运动装

是指运动装不仅具有运动的功能性,还更注重运动装设计的个性化、时尚化,多为爱好运动人士的日常生活便装,见图5-11。面料选用更加凸显流行性时尚元素,面料选用的范围较广,常采用卫衣绒布、磨毛布、网眼布、健康布、罗马布、提花面料、印花面料、空气层等各种针织或梭织面料。

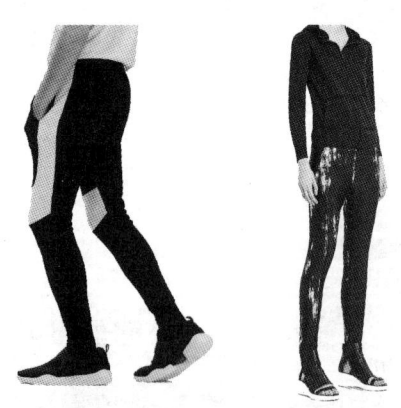

图5-11 时尚运动装

练一练

收集一些运动装款式图,分类整理后根据款式选择合适的面料。

 评一评

项目与标准		☺	😐	☹
课前准备	准备充分			
上课	认真思考,积极发表见解			
课后作业	保质保量,按时独立完成			
掌握情况	理解并掌握相关知识点			

任务二　体操服面辅料运用

任务目标

懂得体操服选配面料和辅料的方法。

任务导入

小筱把所有的运动装款式图收集在一起后发现，专业运动装的针对性和功能性较强，新产品体操服的种类和面辅料种类就有很多。面对琳琅满目的面辅材料，小筱有些不知从哪里开始。那么选配体操服面辅材料时应该注意哪些要点呢？请你帮助小筱选择一下吧。

 想一想

图 5-12 中体操服款式有什么特点？

图 5-12　体操服款式图

学一学

体操服根据种类可分为竞技体操服、艺术体操服、健美操服、啦啦操服装等。体操服多为紧身款式辅以颜色亮丽的印花或珠片装饰,凸显优美身材,便于完成竞技动作。男子一般穿短裤或长裤配背心,女子穿针织紧身衣或连袜衣。

体操服面辅材料运用

体操服款式,见图5-13。

图5-13 体操服款式图

1. 体操服面料运用

图5-13所示的体操服采用的面料是80%涤纶和20%氨纶成分的丝光莱卡面料。体操服面料常选用锦纶、涤纶和氨纶等材料织成的针织弹力面料,性能要求轻薄透气,具有较好的延伸性和回弹性,颜色鲜艳、有光泽,如弹力丝绒、丝光莱卡、大豆纤维弹力布、烫金氨纶布、锦氨双面布等面料,见图5-14。

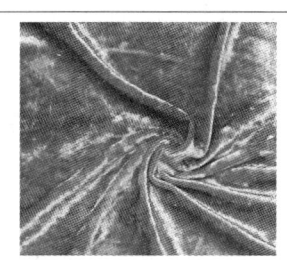	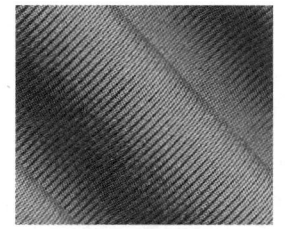	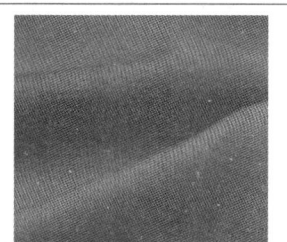
弹力丝绒	丝光莱卡	大豆纤维弹力布
组织结构采用经编涤纶和氨纶交织的织物,表面有绒毛,由经丝被割断后所构成。由于绒毛平行整齐,故呈现丝绒所特有的光泽。具有弹性好、防紫外线、有光泽、易清洗等特点	经线涤纶有光丝,纬线氨纶弹力纱经编而成,织物表面光泽好,弹性恢复力强,手感柔软顺滑细腻,具有轻薄、吸湿排汗性能好、抗紫外线等特点	采用大豆纤维氨纶包芯纱织成的弹力面料,具有丝绸般柔软的手感,穿着滑爽富有光泽,悬垂性和抗起球性能佳等特点

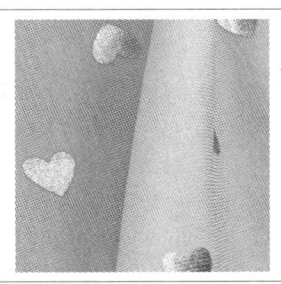	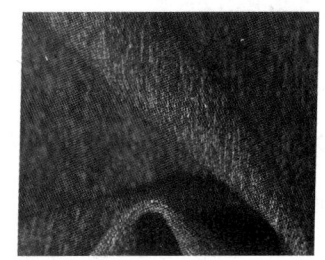
烫金氨纶布	锦氨双面布
采用锦纶长丝和氨纶包芯纱经编而成,在织物表面进行烫金印花工艺,形成具有极强装饰风格的闪光弹力面料。手感柔软,耐磨性能好、弹性佳	正反面织物纹理相同,经过特定的染色工艺可呈现出正反面不同的颜色,是能体现多种风格的舒适性面料。具有透湿排汗、抗紫外线,防静电的功能

图 5-14 体操服常用面料

 知识卡——氨纶弹力面料

为满足不同运动对服装舒适性的要求,氨纶弹力纤维被大量地运用于各种体育运动面料中。氨纶的化学名为聚氨酯纤维,是一种具有高弹恢复率的合成纤维,常被称为弹力纤维。1959年美国杜邦公司首先实现了氨纶的工业化生产,并命名为Lycra(莱卡)。氨纶纤维吸湿性和耐热性较差,通常不单独使用,一般与其他纤维一起纺成包芯纱或与其他纤维的纱线捻合在一起使用,能够改善氨纶纤维的缺点,提高吸湿性和耐热性。

氨纶弹力面料主要有以下特点:
◎ 具有高弹性、高延伸、高恢复性。
◎ 穿着舒适合体,保型性能好,无压迫感。
◎ 良好的耐化学药品、耐油、耐汗水、耐光线、耐磨性。
◎ 具有不怕虫蛀、不霉变、在阳光下不会变黄的特性。
◎ 氨纶纤维的吸湿性较差,其公定回潮率为1%。

2. 体操服里料运用

体操服里料用得较少,一般在前胸、后背、裆底部位用吸湿透气的面料做里料,如纯棉汗布、牛奶丝,见图5-15。

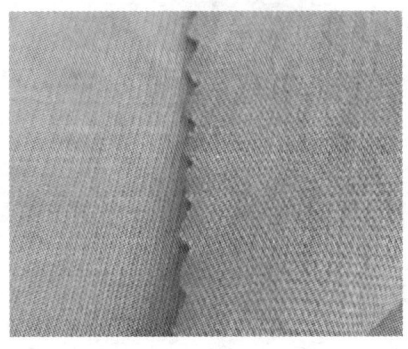

图 5-15 纯棉汗布

3. 体操服其他辅料运用

网眼面料：是指在织物结构中有规律网眼的针织物。该针织物结构稀松，孔眼分布均匀，有一定的延展性和弹性，一般作为辅料少量使用。网眼形状较多变化，且范围大，有方形、圆形、菱形、波纹形、条形等，见图5-16。

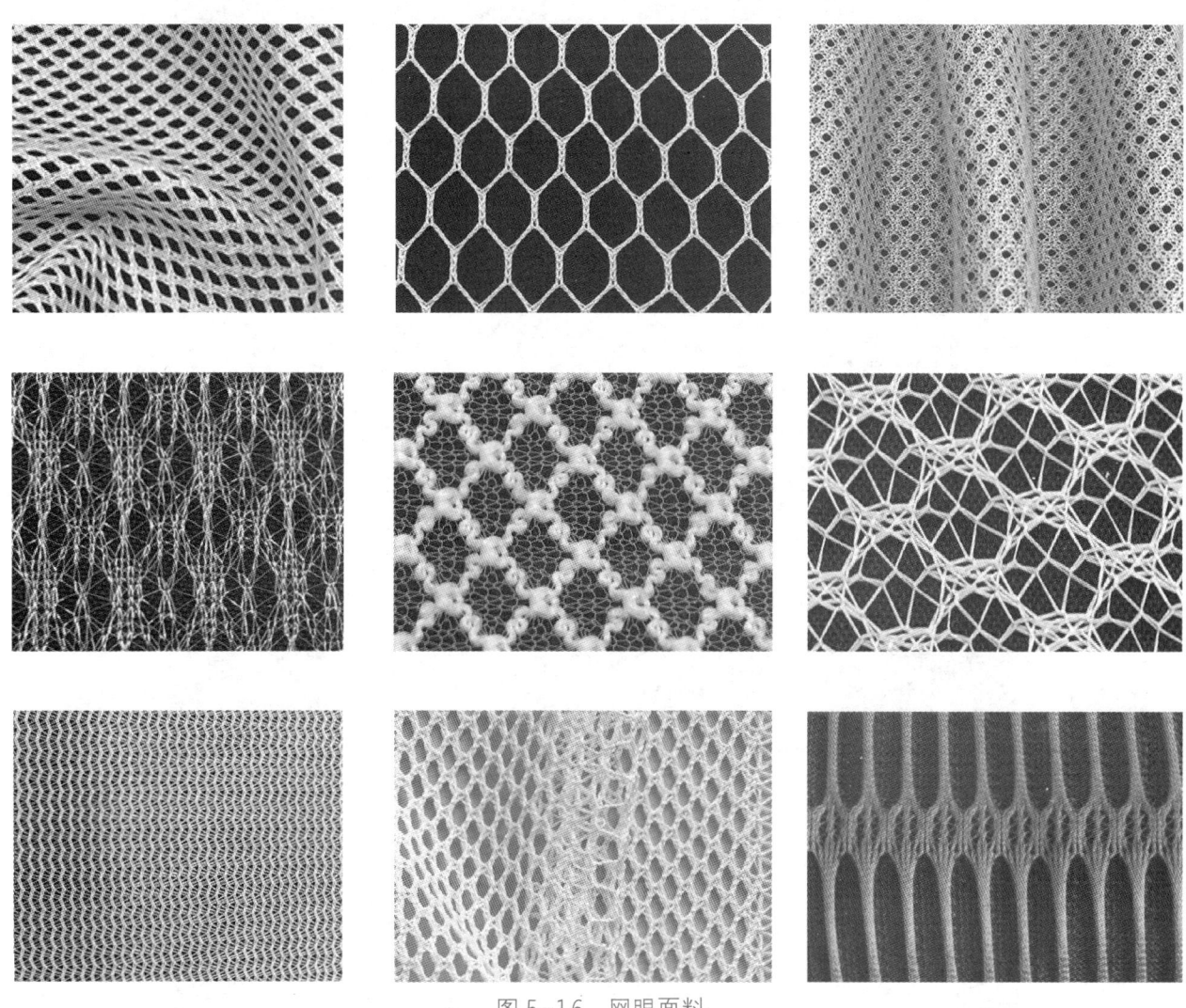

图5-16 网眼面料

隐形拉链：使用高弹面料，在穿脱方便的情况下可不装拉链，使用低弹面料制作紧身服装时必须装隐形拉链，使服装穿脱方便，且正面基本看不到链齿。

花边：由衬纬纱线在地组织上形成较大衬纬花纹的针织物，花边织物地组织多呈网孔形，织物质地轻薄，手感柔软有弹性，悬垂性和装饰性能好。常采用蚕丝、棉、黏胶长丝、锦纶丝、涤纶丝和金银丝为原料，见图5-17。

缎带：是用缎纹组织织成的装饰类织物，用于装饰镶边，见图5-18。

缀片、珠子：将珠片材料用线缝合后镶嵌在服装上，具有闪光装饰效果。

图 5-17 花边

图 5-18 缎带

知识链接——缀片、珠子

缀片、珠子指各种形状和材质的珠子、亮片、钻饰等，以各种形式和纹样缝制在服装上，形成十分亮眼华丽的视觉效果，极具装饰性。它广泛用于日常服装、晚礼服、鞋、帽、手袋、头饰、毛纺织、珠绣、灯饰、工艺品等。

缀片按材料分有银底片、哑光片、彩晶亮片、乳油彩片、条纹片、激光片、透明片、磁片、PET耐高温珠片、油光亮片、彩银片、PVC片条、PET片条等,见图5-19。

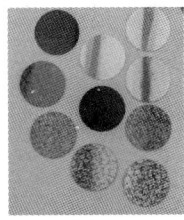

图5-19 缀片

珠子有天然材料和化学材料两种,常见的珠子材料有水晶、木、玛瑙、玻璃、琥珀、亚克力、仿钻等,见图5-20。

图5-20 珠子

✂ 练一练

1. 收集一些珠片丝带装饰材料,说出它们的品种、作用,并整理成册。
2. 请为图5-21所示的体操服装选配面辅材料,并填入表5-1。

正面　　　　　　　　背面

图 5-21　体操服装样品款式图

表 5-1　体操服面辅料清单

名称	单位	数量	名称	单位	数量	名称	单位	数量
贴样			贴样			贴样		
名称	单位	数量	名称	单位	数量	名称	单位	数量
贴样			贴样			贴样		

👍 评一评

项目与标准		☺	☻	☹
课前准备	准备充分			
上课	认真思考，积极发表见解			
课后作业	保质保量，按时独立完成			
掌握情况	理解并掌握相关知识点			

任务三　登山服面辅料运用

> **任务目标**
> 掌握登山服面料的特点，登山服选配面料和辅料的方法。
>
> **任务导入**
> 公司设计部新一季开发产品是户外运动系列，小筱负责根据款式选配面辅材料。该系列产品注重设计的功能性，较少接触该类型的小筱首先进入市场有针对性地了解了登山服的设计和面辅材料。

想一想

图 5-22 中登山服的款式有哪些特点？

图 5-22　登山服款式图

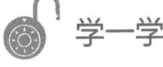

学一学

登山服也称"冲锋衣"，是适合户外运动，特别是登山运动的服装，属于防风、防水、耐磨又透气的功能性服装。服装款式有登山防风衣和背带裤,以宽松、舒适、容易穿脱为主要特点,使肩膀、手臂、膝盖不受任何压力。袖口和腰部束紧,口袋多而且大,并需有袋盖、纽扣、拉链,使口袋内的东西不致掉落。

登山服面辅材料运用

登山服款式,见图 5-23。

图 5-23　登山服款式

1. 登山服面料运用

登山服常选用复合型面料,表面光洁滑爽、可防风沙。复合面料从面料层次上可分为两类,一种是三层复合面料,是指外部面料和中间层 TPU/PTFE 以及内部面料,外部面料采用梭织布或者针织布;另一种是两层复合面料,是指外部面料和中间层 TPU/PTFE,较三层面料稍柔软易携带。

常用登山服面料,见图 5-24。

	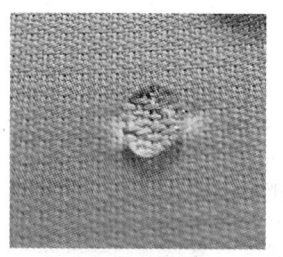	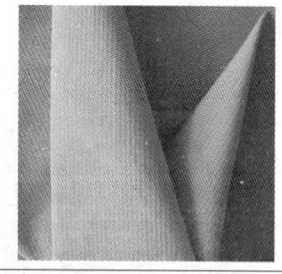
Gore-Tex 面料	涤丝纺涂层面料	塔丝隆涂层面料
Gore-Tex 面料是一种覆膜型面料,在外层面料下贴合一层聚四氟乙烯为原料的多微孔膜防水透气的膜层,用来达到防水透气的效果。面料优点在于防水、透气性能都很好,特别是在低温状态下稳定性好。缺点是耐洗性略差,价格较高,多用于专业级别登山服面料	涤丝纺是一种全涤薄型面料,采用涤纶长丝织成的一种平纹组织织物。外观光亮,手感光滑,在涤纶面料的基础上涂上一层 PVC/PU/TPU 防水透气层,以达到防风、防水、透气的效果。优点是耐用性好,价格便宜。缺点是透气性能较差,特别是在环境温度较低时,透气性降低,一般用作低海拔登山服	塔丝隆也称塔丝纶,是锦纶长丝和锦纶空气变形丝织成的织物。运用涂层技术,在面料上涂一层 PU 防水透气层,使面料具有防水防风功能。面料手感柔软,穿着舒适,保暖性、透气性好,色泽亮丽,耐磨性能好。锦纶耐磨性居所有纤维之首

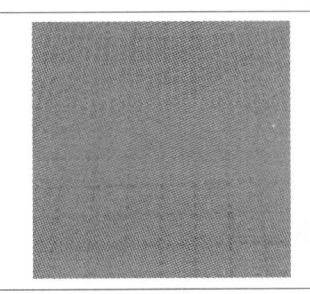		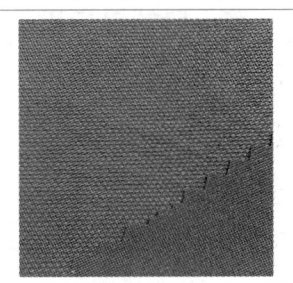
尼丝纺	复合摇粒绒	尼龙四面弹
尼丝纺是锦纶长丝织制的纺类丝织物,涂层尼丝纺不透风、不透水,且具有防羽绒性。面料手感柔软光滑,薄型尼丝纺常用作防晒衣的制作	由三层复合而成,正面弹力梭织面料,反面摇粒绒,中间PVC、PU、TPU防水透气层。面料具有保暖、不掉绒、防水、防风、速干、导汗性能好等特点	采用尼龙长丝和氨纶纤维交织,通过贴膜复合加工形成的双层弹力面料。面料正反两面纹路不同,具有抗皱耐磨、透湿、透气、排汗、速干、弹性好等特点

图 5-24 登山服面料

 知识卡——登山服着装方式和面料特点

常用的登山户外运动着装为三层组合着装,根据运动需要自由组合。即从内到外的三层,通常称为内层服装、中层服装和外层服装。

(1)内层服装。维持皮肤表层温度及舒适,须贴身才能充分发挥保暖的功用,且不会造成过度摩擦,选择时注意贴身而不能过紧,通常可选择细特聚丙烯纤维面料。

(2)中层服装。中层服装主要提供保暖功能。选择中间层服装时应注意调节性与方便性。可选择羊毛、羽毛和丙烯酸纤维类制品。

(3)外层服装。外层服装提供隔绝冷、热,防风、防水的保护功能,并以方便活动、容易穿脱为原则。面料多选用紧密型涂层的防水、防风型面料。

2. 登山服里料运用

登山服里料选用的原则是滑爽、透气、易穿脱、方便运动,里料多选用尼龙绸或网眼布,见图 5-25。

 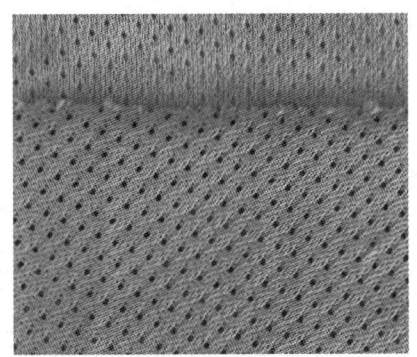

图 5-25 登山服里料

3. 登山服辅料运用

登山服常用辅料有无缝压胶条、拉链、罗纹、松紧、织带、魔术贴、四合扣、气眼、双面胶等材料。

（1）无缝压胶条。是由TPU加热熔胶组成，应用于服装所有的拼接处，帽子和绣花托底处，防水拉链、制品拉链、无缝袋口等地方。目的在于防止拼接缝合处漏水，见图5-26。

（2）松紧。防滑松紧一般是松紧带上面滴硅胶，达到防滑作用，用在登山服内腰防风裙，起到防风保暖的效果。圆松紧用在腰部、下摆、领口、帽子等处，起收紧、防风雨作用，见图5-27。

图5-26　无缝压胶条　　　　　　　　　　图5-27　松紧

（3）双面胶。双面胶是一种特殊的双面粘贴用品，用在帽檐处双面贴合，使帽檐外观平整，见图5-28。

（4）织带。以各种纱线为原料制成带状或管状织物。织带品种繁多、应用广泛，用在登山服的领子、左右袖口以及内胆和外套的连接处，见图5-29。

图5-28　双面胶　　　　　　　图5-29　织带

（5）扣襻、拉链。为方便登山服的穿脱以及加强服装的保暖、防风雨等功能，一般会在门襟、腋下、腰部、袖口、领口、口袋、下摆等处使用防水拉链、弹簧绳扣、气眼、尼龙搭襻、插扣等襻类材料，见图5-30。

项目五 运动装面辅料运用 105

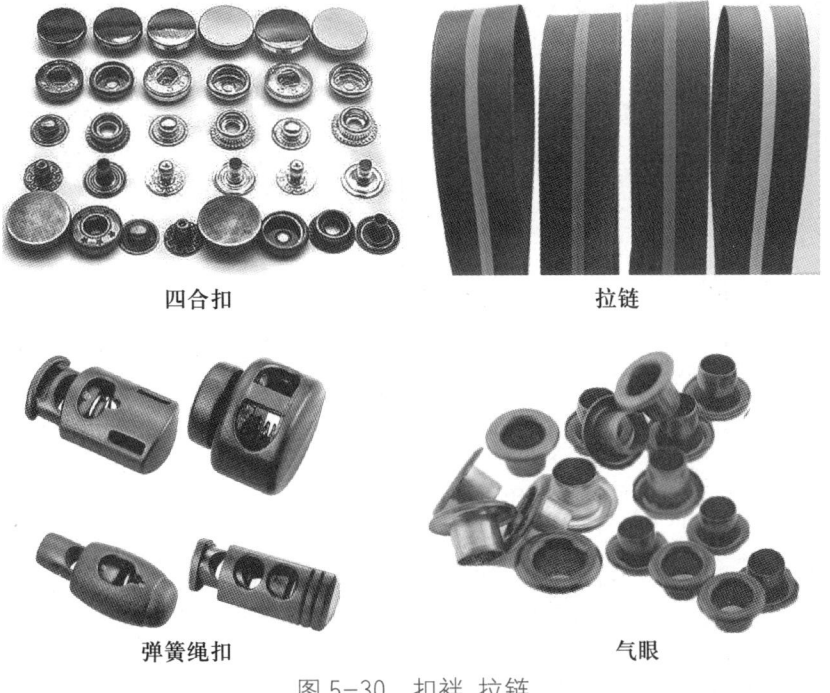

四合扣　　　　　　　　　拉链

弹簧绳扣　　　　　　　　气眼

图 5-30　扣袢、拉链

✂ 练一练

1. 请为图 5-31 选配面辅材料,并填入表 5-2。

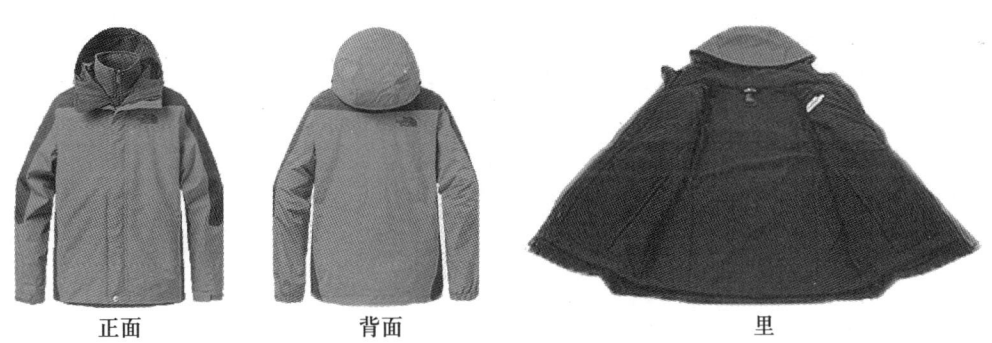

正面　　　　　　背面　　　　　　　　里

图 5-31　登山服样品款式图

表 5-2　登山服面辅料清单

名称	单位	数量	名称	单位	数量	名称	单位	数量
贴样			贴样			贴样		
名称	单位	数量	名称	单位	数量	名称	单位	数量
贴样			贴样			贴样		

2. 收集新型纤维服装面料,填入表5-3中。

表5-3 新型功能性服装面料

名称	特点	用途	小样

评一评

项目与标准		☺	😐	☹
课前准备	准备充分			
上课	认真思考,积极发表见解			
课后作业	保质保量,按时独立完成			
掌握情况	理解并掌握相关知识点			

任务四　运动卫衣面辅料运用

任务目标

懂得运动卫衣面料的特点,运动卫衣选配面料和辅料的方法。

任务导入

小筱发现,自己的同学们最喜欢穿着的运动休闲装是卫衣。那么卫衣选配面辅材料时又要注意哪些问题呢?请你来帮助小筱吧。

 想一想

图 5-32 中运动卫衣的款式特点有哪些?

图 5-32

 学一学

运动卫衣是指厚的针织运动装,面料比普通的长袖 T 恤厚,袖口和下摆采用针织罗纹,紧

缩、有弹性。运动卫衣款式有套头衫、开衫、修身衫、长衫、短衫、无袖衫等。主要以时尚舒适为主,多为休闲风格。在运动卫衣设计中常运用一些装饰手法来弥补服装相对单一的外观造型,例如在服装上钉珠、绣花、印字和图案、缉明线、绳带装饰等,部分服装还将不同色彩或材质的面料进行拼接组合。

常见的运动卫衣面料为中厚型的针织面料,通常用涤盖棉、摇粒绒、鱼鳞卫衣面料、针织绒布、氨棉弹力针织布、空气层双面健康布、棉毛布等面料,见图5-33。

涤盖棉	 鱼鳞卫衣面料
涤盖棉织物是一种双面针织物,其正面采用涤纶长丝为原料,反面采用涤棉、混纺纱或纯棉纱为原料织成的,织物具有挺括、耐磨、吸湿性好、穿着舒适等特点	是一种毛圈织物,面料的一面有环状纱圈,纱圈的形状似鱼鳞,故有鱼鳞卫衣面料的叫法,特点是手感松软、质地厚实,有良好的吸水性和保暖性。毛圈织物有单面毛圈、双面毛圈、提花毛圈。根据线圈排列方式不同还有斜纹卫衣布
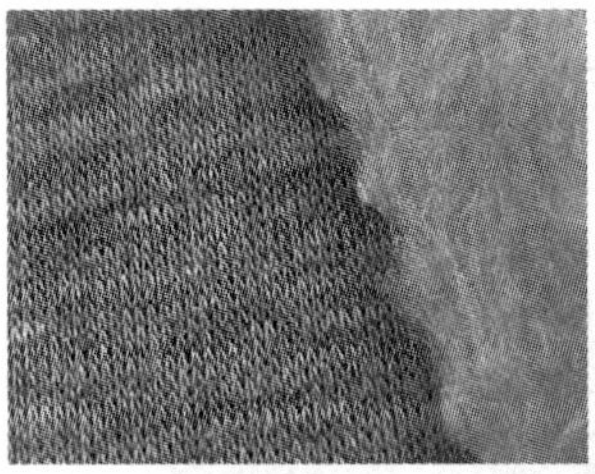 针织绒布	 氨棉弹力针织布	 空气层双面健康布
是采用衬垫组织织成的保暖性较强的起绒针织物,一般采用较粗的纱线作为衬垫纱,以便拉毛形成短毛绒。原料有纯棉纱以及涤腈、腈棉混纺纱,具有手感柔软,质地厚实,保暖性好等特点	氨棉弹力针织布是在棉针织物中加入氨纶,不仅具有棉的舒适、透气等优点,还具有弹性好、保型性好、不起皱、耐酸碱、耐磨、耐老化等特点	通常指的是一面为棉,另一面为丝的具有吸湿排汗功能的夹层双面布。面料透气性强、手感柔软光滑、亲肤感好。经过后处理可具有吸湿排汗、抗紫外线等功能

图5-33 常用运动卫衣面料

运动卫衣其他辅料运用

运动卫衣不含夹里,内里缝份多采用四线包缝和五线包缝的方法,防止缝料的边缘脱散,包缝缝迹必须具有很好的弹性和强力。

(1)装饰绳。是以锭编织为主,可分为单数锭编织和双数锭编织,双数锭编织为圆形,可编织成空心绳和实心绳两种。编织绳质地紧密,外观呈人字形纹路,主要用作服装的紧扣材料,也可作为装饰用,见图5-34。

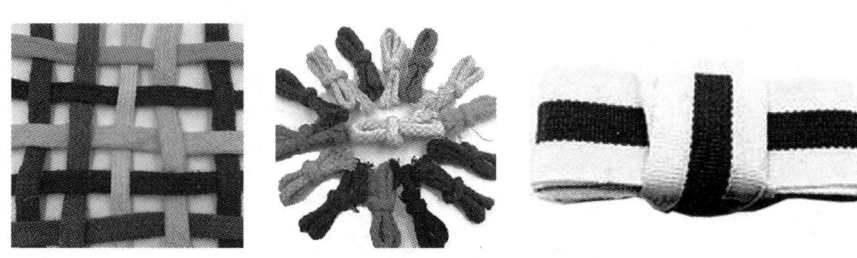

图 5-34 装饰绳

（2）拉链。宜选用长款的尼龙拉链或树脂拉链。

（3）罗纹。是采用罗纹组织织成的双面针织物，常见的有 1+1 罗纹、2+2 罗纹、氨纶罗纹等品种。织物具有纬编织物的脱散性和延伸性，同时横向还具有较大弹性，不卷边。面料手感柔软，用于运动装的袖口、领口、下摆等地方，具有收身、防风的效果，见图 5-35。

图 5-35 罗纹

知识链接——印花

染料或涂料在织物上形成图案的过程称为织物印花。按照操作方式的不同，印花有机械印花和手工印花两种。机械印花有筛网印花、滚筒印花、型版印花、数码印花；手工印花有扎染、蜡染。

筛网印花

将绢网或锦纶、涤纶筛网绷在金属或木质框架上，支撑具有镂空花纹的筛网框，印花色糊透进筛网板印到织物上去。特点是花纹精细，层次分明，印花套数不受限制，适合丝绸、锦纶等织物。

滚筒印花

用刻有凹形花纹的铜制滚筒在织物上印花的工艺方法，又称铜辊印花。优点是劳动生产率高、花纹形状不受限制，主要用于能承受较大张力且花纹变化较小的厚重织物。

型版印花

在锌版上或纸板上雕出漏空花样，覆于织物上，刮涂色浆而获得花纹的印花方法。优点是灵活方便，深色花纹印得活泼；缺点是不够精细，花纹套色困难，只适合小批量生产。

数码印花

数码印花,是用数码技术进行的印花。该技术采用数字图案,经过计算机进行测色、配色、喷印,数码印花的生产过程使原有的工艺路线大大缩短,接单速度快,打样成本降低。数码印花在技术上具有无可比拟的优势,真正实现了小批量、快反应的生产过程。

练一练

请为图 5-36 运动卫衣选配面辅材料,并填入表 5-4。

图 5-36 运动卫衣样品款式图

表 5-4 运动卫衣面辅材料清单

名称	单位	数量	名称	单位	数量	名称	单位	数量
贴样			贴样			贴样		
名称	单位	数量	名称	单位	数量	名称	单位	数量
贴样			贴样			贴样		

评一评

项目与标准		☺	☻	☹
课前准备	准备充分			
上课	认真思考,积极发表见解			
课后作业	保质保量,按时独立完成			
掌握情况	理解并掌握相关知识点			

项目六　服装材料与服装企业管理

【项目概述】

　　服装材料的品质决定了服装的品质,因此服装企业管理以服装材料管理为主。找到合适的服装材料,把握其特性,并制成服装成衣,是服装企业的最终任务。服装面料作为服装的主体材料,则更是服装成败的关键。

　　本项目包括五个任务,分别是服装面料规格测定、服装材料与服装设计、服装面料与裁剪工艺、服装面料与缝制工艺、服装材料与熨烫工艺。

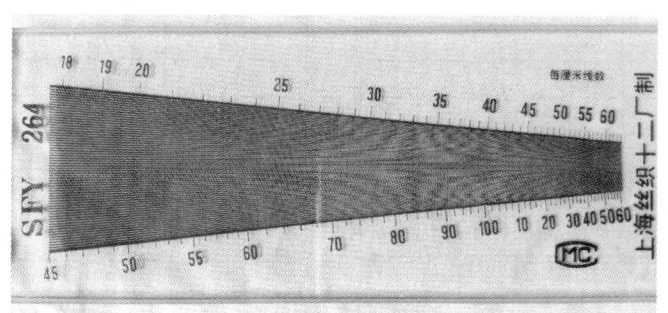

任务一　服装面料规格测定

任务目标

懂得服装面料的规格参数：密度、紧度、幅宽、匹长、厚度、重量，懂规格参数与服装面料风格、价格及品质的关系。

任务导入

在仓库里，小筱总会看到卷装面料的匹头上贴着一张小标签，上面写着一些数字和字母。师傅说，标签上标注的是这块面料的相关参数，相当于面料的身份证。

想一想

下列面料标签中数字和字母所代表的含义见图 6-1。

天锦纺织有限公司	
成份	85%C　15%N
规格	80S/2×45S
组织	平纹
克重	140 G/M²
密度	87×77
门幅	150cm

天锦纺织有限公司	
成份	92%W　8%T
规格	120S/2×120S/2
组织	斜纹
克重	240 G/M²
密度	233×172
门幅	155cm

图 6-1　面料标签

学一学

一、密度

机织物的密度指单位长度内的纱线排列根数。经向密度指 10 cm 或 1 英寸内的经纱根数，纬向密度指 10 cm 或 1 英寸内的纬纱根数。

1. 表示方法

(1) 456×251（棉华达呢）。表示该织物的经向密度为 456 根/10 cm，纬向密度为 251 根/10 cm。

(2) 40×40/133×72（涤棉府绸）。表示该织物的经纱是 40 英支单纱，纬纱也是 40 英支

单纱;经密 133 根/英寸,纬密 72 根/英寸。

(3) 20×(16+70D)/128×44(棉斜纹弹力布)。表示该织物的经纱细度 20 英支,纬纱是弹力包芯纱、细度 16 英支、芯纱 70D 氨纶丝;经密 128 根/英寸,纬密 44 根/英寸。

(4) 420T(尼龙纺),是 T 密度的表示方法,表示该织物 1 英寸内的经纬纱密度相加是 420 根,常用于涤纶或锦纶等长丝型织物。

2. **测量方法**

(1) 拆布法。用尺在机织面料经(纬)向上量取 1 cm 的长度,然后拆下经(纬)纱线并计数,换算成 10 cm 或 1 英寸,即为经(纬)向密度。这种测量方法最准确,但也最麻烦。

(2) 照布镜法。照布镜窗口与经纱或纬纱平行放置,通过照布镜上的放大镜直接数出经(纬)纱线根数,照布镜窗口的大小为 2.54 cm×2.54 cm,见图 6-2。

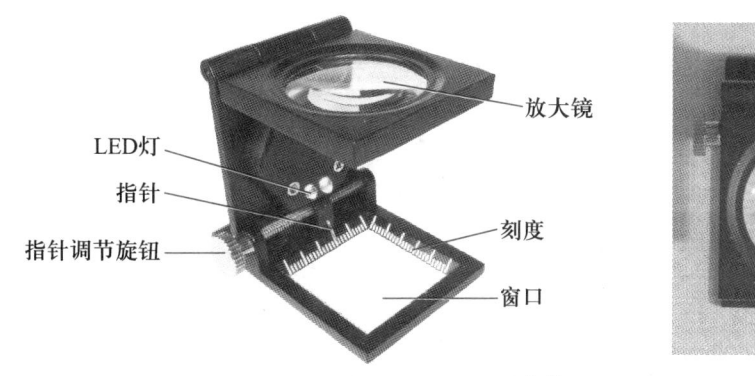

图 6-2 照布镜

(3) 斜线光栅密度镜(也称菱形镜)法。将斜线光栅密度镜与织物经(纬)向平行放置,镜面上会出现一个菱形图案,菱形中心所对应刻度即织物经(纬)向纱线密度,见图 6-3。这种测量方法最快,但所得数值相对其他方法误差大。

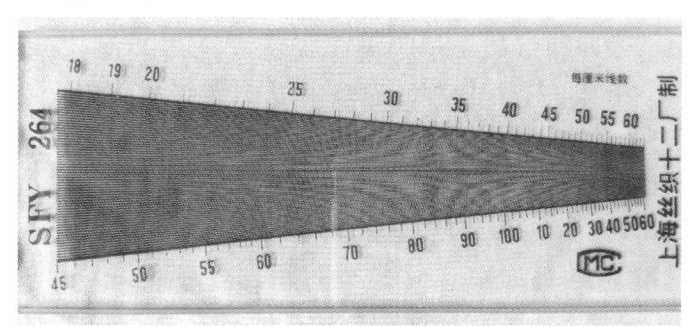

图 6-3 斜线光栅密度镜

密度、重量等数据测量过程中,均需采用多次(3 次及以上)测量求平均值的方法,以减小偶然误差。

由于织物密度越大,纱线或纤维原料的用量也越大,因此织物密度在面料价格洽谈时有非常重要的参考作用。

二、紧度

织物的紧度指织物中纱线覆盖面积与织物全部面积之比。比值大说明织物紧密,比值小说明织物较稀疏。在比较相同密度、不同粗细纱线时,常采用该指标。因为纱线密度相同的情况下,纱线粗的织物比较紧密;纱线细的织物比较疏松。

三、匹长

织物的匹长常用单位为"米(m)",出口时也采用"码(y)"(1 码 =0.914 4 米)。

匹长主要根据织物用途、织物厚度重量与织物卷装容量等因素而定。过长或过短都有可能在使用过程中产生不必要的浪费。一般织物的匹长在 25～40 米之间。

四、幅宽

也称"门幅",指面料的有效宽度,常用单位为"厘米(cm)"或"英寸(″)"。根据不同的幅宽,可把面料分为四种类型,具体见表 6-1。

表 6-1 面料根据幅宽分类表

单位	窄幅	中幅	宽幅	特宽幅
英寸制	40″ 及以下	44″	56～60″	60″ 及以上
厘米制	100 cm 及以下	112 cm	142～150 cm	152 cm 及以上

幅宽数据测量过程中,需在距面料头尾 1 m 处各测一次、中间不同位置测三次。

通常情况下,门幅大的面料可以在样板排料时,采用"套裁"方法以提高面料的利用率。但是面料的门幅不是越大越好,一方面是因为裁剪操作台宽度有限;另一方面是过大门幅的面料在印染时容易产生"边差"或"边中差",提高了排料难度,一旦操作不当,非常容易导致成衣质量下降。目前特宽幅面料一般不用于制作服装,大多用于床上用品或窗帘等家居用品。

由于布边不能用于排料裁剪,因此订购面料时必须要求面料供应商按照去除布边和针孔的有效幅宽供货。

知识卡——色差

色差是指面料的颜色差异,是服装企业重视的面料质量问题之一。在同一批染色面料中,存在着多种情况的颜色差异,具体见表 6-2。对色差明显的面料可将色差等级相近的部位排在相互缝合处,并注意零部件与大身裁片就近排列,以降低成衣色差。

表 6-2 面料色差种类表

色差种类	色差面料表现	色差面料示意图
缸差	匹与匹之间颜色有差异	
段差	同一匹面料中，前部与后部颜色有差异	
边差	同一匹面料中，门幅两侧颜色有差异	
边中差	同一匹面料中，外侧与内侧颜色有差异	

五、重量

织物的重量指单位面积内的重量，常用单位为"克每平方米（g/m²）"或"克每米（g/m）"。重量能够反映面料的厚度和质量，也能影响服装的服用性能和加工性能，是计算面料价格的主要依据。服装企业中常用圆盘取样器进行称量，见图6-4，称重后可以得出该面料的"克每平方米"重量。如取下的样品为4.53 g，则该面料为453 g/m²。

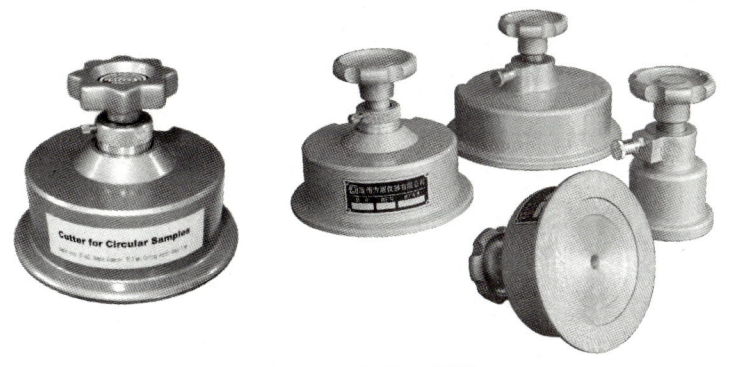

图 6-4　圆盘取样器

六、厚度

指在一定压力下，织物正反面之间的距离。织物厚度影响着织物的保暖性、透气性、耐用性、防风性和悬垂性等性能，也决定了裁剪铺料时的层数。

 做一做

分别选择棉型、麻型、丝型、毛型四种面料,使用照布镜和斜线光栅密度镜测量面料密度,并填入表 6-3。

表 6-3 测量机织面料密度记录表　　　　　单位:根/10 cm

测量方法		棉型		麻型		丝型		毛型	
		经密	纬密	经密	纬密	经密	纬密	经密	纬密
照布镜法	一								
	二								
	三								
	平均值								
斜线光栅密度镜法	一								
	二								
	三								
	平均值								

 评一评

项目与标准		☺	😐	☹
课前准备	准备充分			
上课	认真思考,积极发表见解			
课后作业	保质保量,按时独立完成			
掌握情况	理解并掌握相关知识点			

任务二 服装面料与服装设计

任务目标
懂服装材料与服装设计的关系。

任务导入
服装设计是一项技术性与艺术性结合紧密的工作,主要有款式设计和结构设计两方面的内容。不同材料由于其本身特有的纤维性能,以及不同的纱线结构、组织构造、整理方式,有着各种不同的特性,因而能够展现出不同的服装设计效果。只有正确把握服装材料与服装设计的关系,才能更好地创造与创新。

 想一想

服装材料的特点会影响服装款式风格和样板结构吗?

 学一学

一、服装面料与服装款式设计

服装面料在服装中起到主体的作用,是体现服装造型、色彩、功能的主要载体,对服装款式起着决定性的作用。

1. 棉类面料(包括化纤仿棉)

棉类面料价廉物美,外观细腻,手感柔软,风格雅致、朴素,但由于弹性较差,适合制作轻便型、休闲型服装,如休闲装、童装、家居服等。常用的面料肌理变化有十字绣、抽纱绣、贴布绣等,能够体现出棉布细腻文雅的风格,见图6-5。

图6-5 棉类面料之十字绣及服装款式图

2. 麻类面料（包括化纤仿麻）

麻类面料外观粗犷，手感凉爽，适合制作夏季服装。但是由于面料弹性较差，适合制作偏宽松型、休闲型服装，如休闲装、宽松型衬衫、裙、裤等，能够体现款式的自然风貌与潇洒气质，见图6-6。

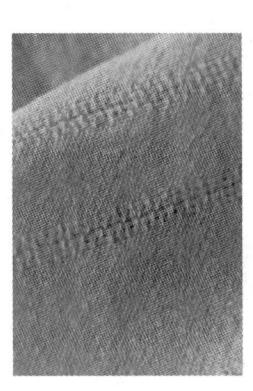

图6-6　麻类面料及服装款式图

3. 丝绸类面料（包括化纤仿丝）

丝绸面料外观光滑、颜色鲜艳、手感柔软、细腻、华丽、悬垂性好、轻盈飘逸，是一种高档面料，适合制作高档衬衫、裙装、礼服、睡衣等。由于面料非常光滑，设计时应尽量减少分割，以避免分割线缝合时带来的难看痕迹。而面料的悬垂性可以充分地表现出来，如使用细褶抽缩、斜丝绺裁剪、波浪造型等，都能展现出丝绸面料的飘逸美感，见图6-7。

图6-7　丝绸类服装款式图

4. 呢绒类面料（包括化纤仿毛）

呢绒面料光泽较好，手感软糯、弹性好、外观挺括，手摸有温暖感，适合制作春秋季节的西服、套装、风衣，冬季大衣等。呢绒面料风格成熟稳重，不宜采用过于花哨的装饰物；不宜抽细褶，否则会显得臃肿；可用简洁的分割线和褶裥，见图6-8。

5. 针织类面料

棉针织类面料吸湿性、透气性、弹性均较好，非常适合制作内衣、T恤衫、运动服、家居服、袜子和手套等。毛针织类面料柔软蓬松、弹性和保暖性均较好,适合制作毛衫、针织外套等。而且针织面料可以织出凹凸不平的纹理、变化多端的色彩,因此针织服装款式尽量简洁,分割线尽量少,主要通过面料体现款式变化,见图6-9。

图6-8 呢绒类服装款式图

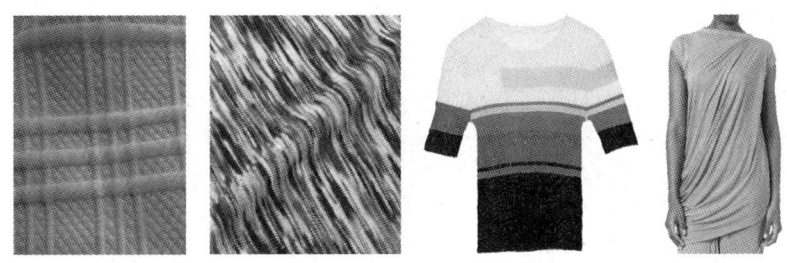

图6-9 针织类面料肌理变化、色彩变化及服装款式图

服装面料的选择,不但要考虑面料的风格特征与服装款式能否相互协调或相互促进,也要考虑面料的价格与服装档次是否匹配。

二、服装辅料与服装款式设计

服装辅料在服装中起到辅助的衬托、保暖、弥补、缝合等作用,是构成服装不可缺少的部分。除了装饰性辅料,如花边、珠片等具有装饰作用之外,其他许多材料也能起到"画龙点睛"的装饰作用。

1. 服装衬料

服装衬料不但有平挺、加固的作用,还能进行局部夸张,体现个性化的款式风格,见图6-10。

图6-10

2. 服装扣紧材料

服装扣紧材料包括纽扣、钩、襻、拉链等,除了连接与扣紧作用之外,这些材料往往还有着不容忽视的装饰作用,见图6-11。

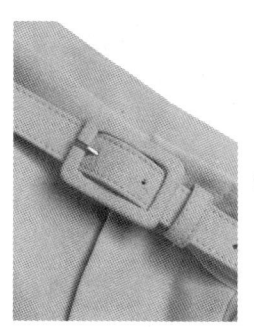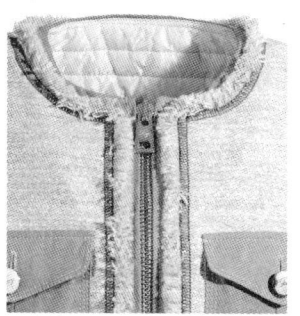

图6-11

3. 服装线类材料

与扣紧材料相同,服装线类材料也能起到装饰作用,见图6-12。

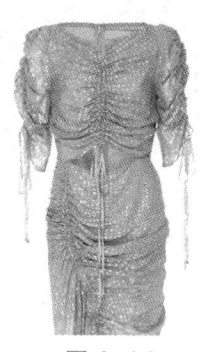

图6-12

三、服装材料与服装结构设计

面料的厚度与松紧度与服装结构设计密切相关。同样的款式,采用不同厚度、不同松紧度的面料时,样板处理方法略有不同。

1. 面料与吃势

在款式相同的情况下,厚的、疏松的面料吃势量略大。如粗纺呢绒的肩部吃势和袖山吃势均应略大于精纺呢绒,见图6-13。

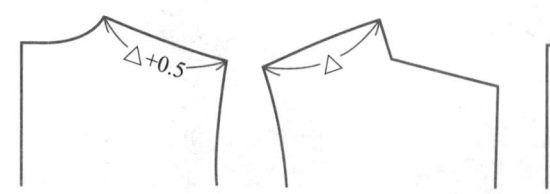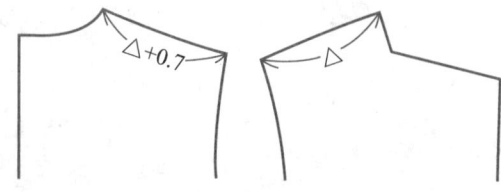

女装精纺呢绒肩部吃势　　　　女装粗纺呢绒肩部吃势

图6-13

2. 面料与里外匀

制作领子、袋盖、挂面等样板时,必须考虑领面和领里、袋盖面和袋盖里、前衣片与挂面的里外匀关系,并适当加放松量。加放量同样由面料厚度决定,面料越厚,加放量越大。

3. 面料与抽褶

薄型、柔软型面料的抽褶量可大于厚型、硬挺型面料,这是由于软薄型面料容易抽缩,且褶量能够自然垂坠。

4. 面料与放缝

样板的放缝量主要与曲线造型、缝型选择、缝合方式有关,除此之外,面料也是影响样板放缝量的因素之一。通常情况下,质地疏松或长丝型面料在缝制过程中容易出现裁片边缘纱线散出现象,穿着过程中容易出现纰裂现象,见图6-14,因此要适当增加放缝量,以弥补散出量以及增加缝份牢度。

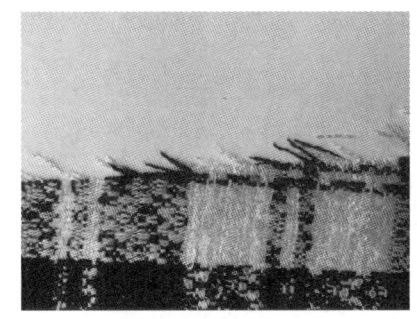 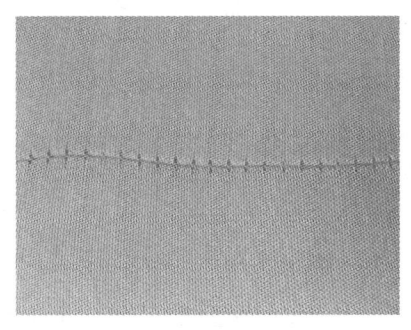

裁片边缘纱线散出　　　　　　　纰裂

图6-14

练一练

利用绘制好的服装效果图,根据不同的服装风格,分别使用棉型、麻型、丝型、毛型等面料,制作贴布布艺作品。

评一评

项目与标准		☺	😐	☹
课前准备	准备充分			
上课	认真思考,积极发表见解			
课后作业	保质保量,按时独立完成			
掌握情况	理解并掌握相关知识点			

任务三　服装面料与裁剪工艺

> **任务目标**
> 懂服装面料与裁剪工艺的关系。
> **任务导入**
> 小筱快毕业啦,她与同学合作赶制以"释放青春"为主题的毕业设计作品。她们先绘制设计稿,然后进行打样和采购面辅材料。一切准备就绪后,就要动手裁剪和缝制了,但是指导老师说不同的服装面料应该使用不同的裁剪方法……

 想一想

对于规模化生产的企业而言,如果裁剪环节出现问题,影响的不只是一两件服装,将是成百上千件的服装,因此裁剪工艺非常重要。那么,裁剪工艺包括哪些内容?

 学一学

一、面料检验

服装企业收到大货布料后,由仓库专门人员验布后提供验布报告,同时剪匹头布和缩水布,核对面料的规格、颜色、匹长等,检验面料的正反面、色差、倒顺毛、缩率、疵点、门幅、纬斜、疵点等,初步计算用布量、进行产前样试制等。

对于一些服装质量要求较高的客户,则要对面料的性能进行综合性测试。面料综合性测试由纺织品专业检测机构完成,主要测试项目包括尺寸稳定性、色牢度、拉伸强度、撕裂强度、抗起毛起球性、甲醛含量等。

1. 面料正反面识别

大部分面料都有正反面,一般正面的品质较好,因此制作服装时通常把面料的正面作为服装的正面。识别正反面的方法有很多种。

(1) 根据织纹、光泽、印花等识别。一般来说,面料正面比反面更美观,织纹清晰、光泽明亮、印花颜色更鲜艳。如起绒织物的正面毛绒比反面密集整齐;提花组织的正面花纹突出,见图6-15。

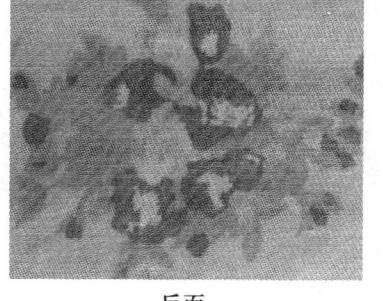

正面　　　　　　　　　　　　反面

图 6-15　印花面料

(2) 根据组织结构识别。三原组织是最常见的面料组织,其中最易识别的是缎纹,正面光泽明亮、手感光滑;反面光泽较暗。其次是斜纹,正面的斜向纹路更明显,见图 6-16。双面斜纹面料的反面斜纹也比较清晰,但必须以"/"方向为正,见图 6-17。另外斜纹组织还可以根据"线撇纱捺"的原则来进行判断,即线斜纹组织是"撇斜纹",纱斜纹组织是"捺"斜纹。最难识别的是平纹组织,因为从织纹上看,平纹的正反外观完全相同,因此如果是素色或原色平纹面料,可以不区分正反,或从布边、表面光洁度、棉结杂质等其他方面进行判断。

单面斜纹正面　　　单面斜纹反面　　　双面斜纹正面　　　双面斜纹反面

图 6-16　　　　　　　　　　　　　　图 6-17

(3) 根据布边识别。有些布边上有拉幅时留下的针眼,大部分面料正面的针眼呈下凹状态,见图 6-18。

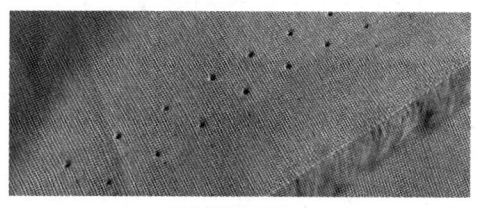
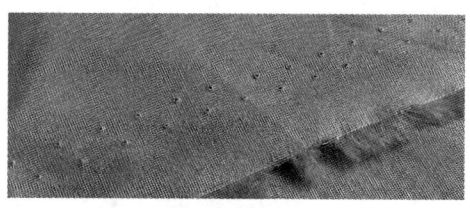

正面针眼下凹　　　　　　　　　　反面针眼外凸

图 6-18

一些高档丝织物的布边有印花文字,毛织物的布边有织造的文字、字母和数字,反面的文字呈反写状态,见图 6-19。

|正面边字|反面边字|

图 6-19

（4）根据包装识别。一般高档双幅面料对折在里面的为正面，单幅卷装面料在外面的为正面。

2. **面料经纬向识别**

面料的经向和纬向性能有很大的差异，经向性能稳定，不易伸长变形；纬向略有弹性，易窝服；斜向拉伸性最大，富有弹性。因此在制作服装前要认清经纬向，避免影响服装成品质量。

（1）与布边平行的是经向。

（2）不易拉伸变形的是经向。

（3）通常情况下，纱线密度大的是经向。

（4）色织面料中，色纱为经纱，白纱为纬纱。

3. **面料倒顺花（毛）识别**

部分织物，如印花、不对称格子、绒毛类织物等是有倒顺之分的，因此裁剪前要考虑其方向性，否则成衣会出现条格错位、反光、左右不一致或前后不一致等现象。

（1）有倒顺之分图案的面料。部分图案，例如树木、建筑、车船、动物等，在排料时应让图案在服装上呈顺向，与人的视觉习惯一致，见图 6-20。

无方向图案及效果　　　　有方向图案及不同效果

图 6-20　图案倒顺

（2）定位花或不对称条纹、不对称格子的面料。定位花指面料上的花纹或图案只在局部位置出现，如下摆、袖口等，见图 6-21；不对称条纹（格子）指条纹（格子）左右或上下不对称，见图 6-22，排料时要保证服装成品格子对齐，左右对称。

（3）有倒顺毛的面料。抚摸绒毛类面料，手感顺滑、色光较浅的为顺毛方向；手感较粗糙、色光较深的为倒毛方向。灯芯绒、金丝绒等面料裁剪时以倒毛为好；顺毛大衣呢、长毛绒等面料裁剪时以顺毛为好，见图 6-23。表面有绒毛的面料排料时必须沿同一个方向，有时为了达到某种特殊效果，也可以在同一件服装上使用不同的绒毛方向。

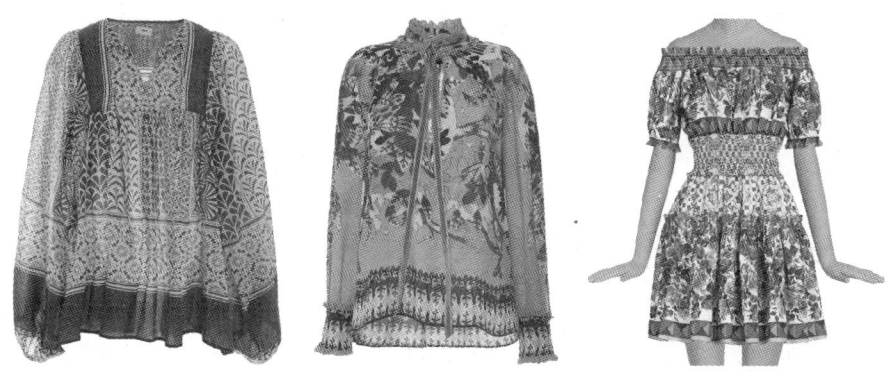

图 6-21

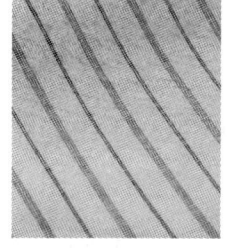 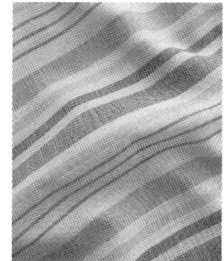  

对称条纹　　　　不对称条纹　　　　对称格子　　　　不对称格子

图 6-22

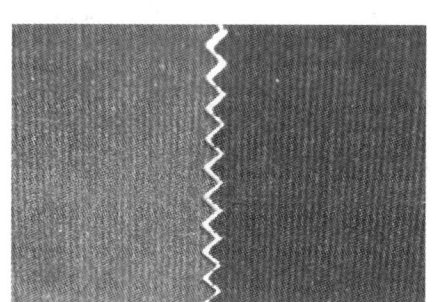 

灯芯绒顺毛　　　灯芯绒倒毛　　　　顺毛大衣呢

图 6-23

对于具有方向性的面料，排料时样板的上下不能随意颠倒，必须考虑面料特点、设计效果及工艺要求等，避免影响成衣外观，见图 6-24。

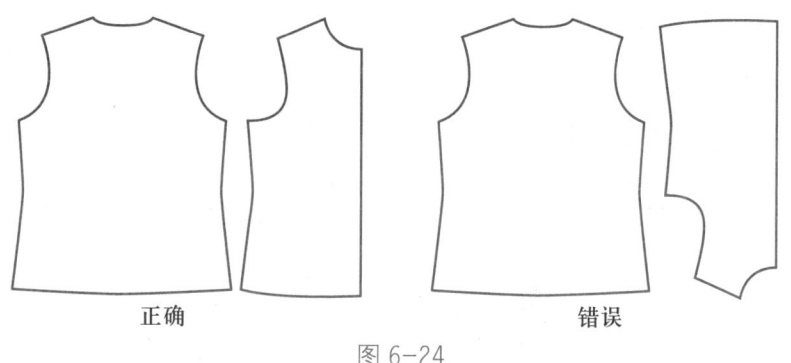

正确　　　　　　　　　错误

图 6-24

4. 面料疵点处理

面料的疵点有纱疵、织疵、整理疵，分别是在纺纱、织造和印染整理过程中产生的。对于少许疵点，排料时应适当调整排料方式，尽量将疵点安排在次要或隐蔽部位，如领里、挂面下部等。

5. 面料缩率测试与预缩

面料在湿、热、自然放松等状态下均会产生收缩现象。

受纺织和印染整理的过程中的拉力影响，面料在长度与宽度方向均有一定程度的拉伸。在制作过程中，由于面料不再受到拉力影响，且有熨烫等因素的作用，会使面料复原，造成面料产生自然收缩现象。另外面料吸湿或熨烫过程也会产生不可回复的缩短现象，因此，在排料裁剪之前，必须对面料进行预缩处理，以保证服装在制作和穿用过程中尺寸准确。

家庭常用的面料预缩法是浸水预缩法和喷水熨烫法；企业常用的面料预缩法是自然回缩法、预缩机处理法和样板加放法。

（1）浸水预缩法。将面料全部浸入水中，过一段时间后拧出晾干。主要用于缩水率较大的天然纤维面料，尤其是棉麻丝型面料。

（2）喷水熨烫法。将面料铺平，在反面均匀喷水后用熨斗烫干。主要用于不宜水浸（洗）的全毛、毛混纺类面料。

（3）自然回缩法。将卷装的面料抖松后自然放置约24小时，使卷装时产生的应变力充分释放。主要用于涤纶等合成纤维面料。

（4）预缩机处理法。使用预缩机，在裁剪前先把织物经喷蒸汽或喷雾给湿，再施以机械挤压，然后在松弛状态下慢慢烘干。适用于各种面料的预缩，尤其是毛型面料。

（5）样板加放法。在裁剪前先测试面料的缩率，然后将经、纬向的缩率直接加到样板中去的方法。测试方法是：每批取三块面料试样，在面料经纬向各取1米做好标记，进行充分的喷水熨烫预缩后重新测量并计算、取平均值。设缩率为S，原长为L1、喷水熨烫后的长度为L2，缩率的计算公式是$S=(L1-L2)\times 100\%/L1$。如经测试得到，面料的经向缩率$S_{经}=4\%$，纬向缩率$S_{纬}=2\%$，假设制作的服装衣长为64厘米，胸围100厘米，则净样板实际衣长应为$64\div(1-S_{经})=66.7$，净样板实际胸围应为$100\div(1-S_{纬})=102$。在服装CAD中，缩率加放非常快捷，大大提高了企业的工作效率，但是只适用于中低档服装中。

知识链接——常见面料缩水率

面料缩水率主要与纤维吸湿性和织物组织有关，常见面料缩水率见表6-4。

表6-4 常见面料缩水率表

类型	品种		经向缩率(%)	纬向缩率(%)
棉型面料	平布		6	2.5
	府绸		4.5	2
	斜纹布		4	3
棉型面料	卡其		5	2
	灯芯绒		3	2
	泡泡纱		6	3
	劳动布		5	5
	线呢		8	8
丝绸面料	电力纺、绢丝纺		5	2
	双绉、乔其纱		10	3
	真丝与其他化纤交织		5	3
毛型织物	粗纺呢绒	纯毛或含毛量70%以上	3.5	3.5
	精纺呢绒	华达呢、哔叽等光面织物	3.5	3.5
		啥味呢等绒面织物	5	4.5
	组织结构较疏松		5以上	5以上
黏胶织物	人造棉等		10	8

注:吸湿性强的亲水性纤维(天然纤维和化学纤维中的再生纤维),浸水后纤维会膨胀、直径增大、弯曲程度增大,面料缩短,干燥后面料尺寸无法完全回复,这就是面料的缩水性。而合成纤维面料由于吸湿性差,一般不测试缩水率,只测试热收缩率和自然缩率。

二、裁剪工序

裁剪工序是加工服装的重要工序之一,也是面料进入正式生产流程的第一步。裁剪工序主要包括铺料、裁剪、验片、打号和分包等。

1. 铺料方式

根据面料的花形图案、条格状况、服装品种、款式和批量大小的不同,铺料方式一般有三种:单层同面铺料、来回对合铺料、翻面对合铺料,见图6-25所示。在实际操作中,有时交替使用,有时只选择其中一种方法。

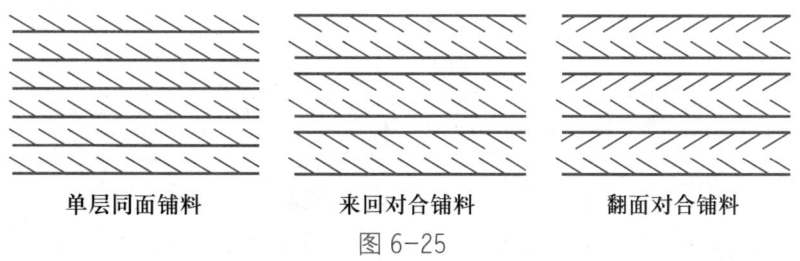

单层同面铺料　　来回对合铺料　　翻面对合铺料
图6-25

(1) 单层同面铺料。指在一层面料拉到规定长度铺平后,尾端剪断、两头夹牢,再进行第二次铺料的方法。这种铺料方式是企业里用得最多的,除普通面料外还适用于经向左右不对称的条纹面料、纬向上下不对称的格子面料、有倒顺毛的面料等。

(2) 来回对合铺料。指在一层面料拉到规定长度后,折回再铺。每铺一层可剪断也可不剪断。这种铺料方式效率最高,适用于无花纹的素色面料、倒顺不分的印花面料等。

(3) 翻面对合铺料。指一层面料铺到规定长度后剪断,将面料翻面后再往铺上一层,即一层翻身、一层不翻身,交替进行。两层面料正面朝里对合,使上下每层的绒毛方向、倒顺花图案一致吻合,在之后的打号与包扎过程中始终对合在一起,以确保缝合在同一件衣服上。这种铺料方式适用于全部是对称衣片的服装款式,且使用特殊花型面料,如不对称条纹面料、不对称格子面料、有倒顺图案的面料和有倒顺毛的面料。

2. 铺料层数

铺料厚度直接受裁剪设备的限制,不能无限增加。铺料厚度为面料厚度 × 铺料层数,因此面料越厚,铺料层数越少。

合成纤维面料铺料时,层数也不宜过大。因为合成纤维面料耐热性差,刀片与面料在快速切割过程中会产生大量热量不易散发,会使裁片边缘出现变色、熔融、粘连等现象,同时沾污刀片。

过于光滑的面料在铺料和裁剪时容易发生上下层滑动,铺料前要在底层垫纸,铺料层数同样不宜过大。

3. 验片

验片的目的是检验裁片的质量,包括面料和裁剪两方面的质量,以防不合格的裁片影响最终成衣的质量,或导致不必要的回修,降低生产效率,从而造成更大浪费。

验片除检查裁片的裁剪精度、记号完整程度外,还要检查裁片的数量、疵点、色差、丝绺等是否符合技术标准。

4. 打号

由于面料染整技术良莠不齐,许多服装面料容易出现色差。为了避免同一件服装上出现色差,见图 6-26,需要对裁片进行编号,并打在裁片缝份上。

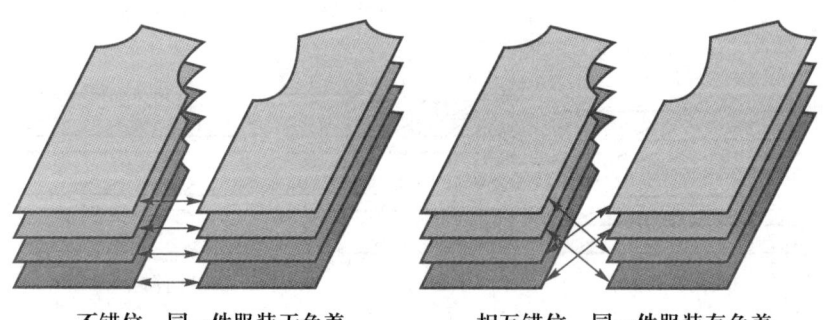

不错位,同一件服装无色差　　相互错位,同一件服装有色差

图 6-26

5. 分包

当裁片打号后,为便于输送,需将裁片进行分包、捆扎。捆扎时需在每捆外面系上标签,说明该裁片的名称、床号、规格、件数等资料。

分包大小应适中,分包过大,会给输送带来麻烦;分包过小,裁片过于分散,不便于管理。通常采用20件左右为一包进行捆扎,但还应根据具体面料、服装特点自行控制。如厚型呢绒面料、长款大衣等分包件数应略减少;夏季轻薄型面料的分包件数可略增加。

6. 黏合衬

许多服装在缝制加工前,需将黏合衬与裁片,如领子、前片等通过加热加压黏合在一起,更加挺括、不易变形。

✂ 练一练

1. 当面料条格间距达到1.0 cm及以上时,制作的服装必须对条格,否则会影响服装外观效果。请根据图6-27,填写表6-5服装对条格部位表。

图6-27

表6-5 服装对条格部位及要求

序号	裁片名称		对条要求(方法)	对格要求(方法)
例	左前片	右前片	前中线位于条纹中央	横格对齐
1				
2				
3				
4				
5				
6				

2. 小筱制作毕业设计作品的主要面料是素色涤棉面料和格子毛涤面料,请问这些面料裁剪时应做哪些准备工作？应注意哪些问题？

评一评

项目与标准		☺	☻	☹
课前准备	准备充分			
上课	认真思考,积极发表见解			
课后作业	保质保量,按时独立完成			
掌握情况	理解并掌握相关知识点			

任务四　服装面料与缝制工艺

任务目标
懂服装面料与缝制工艺的关系。

任务导入
小筱缝制毕业设计作品时,用到了多种缝制设备和缝制工艺方法。她知道,懂得服装面料与服装缝制工艺之间的关系,是为了更好地运用缝制设备,保证缝制质量、提高缝制效率。

想一想

服装材料的特性与缝制工序各环节有哪些关系?

一、缝纫机针与服装面料

缝纫机针是带动缝纫线,穿刺面料形成线迹,进而连接服装各裁片的基本部件,机针的型号(粗细)、针距的大小、针尖的形状等均与面料有直接的关系,见表6-6。

表6-6　常见缝纫机针型号、针距与适用面料(参考)

机针型号 (号制)	机针型号 (公制)	针距(单位:针/3 cm)		适用面料种类
		平缝	包缝	
7~9	55-65	14~16	11	乔其纱、电力纺、薄细布、泡泡纱等
9~12	65-75	13~15	—	素绉缎、府绸、针织汗布、人造棉等
12~14	80-90	12~14	—	中平布、华达呢等各类精纺呢绒
14	90	10~12	10	中厚型牛仔布、麦尔登等粗纺呢绒
16	100	10~12	10	拉绒织物、厚型牛仔布、粗帆布等
18	110	8~10	10	帐篷布、睡袋、厚型涂层面料等

机针型号,是每根机针针柄上都必须标明的,使用者可以根据面料特性选择相应粗细的机针。机针型号与面料不匹配,会出现各种问题。用细针缝厚面料,由于细针强度小易变形,高速

缝制过程中容易折断或形成跳线；用粗针缝薄面料，面料表面会出现较大针孔或机针刺断纱线，影响成品外观与质量。

针距的大小直接关系到服装的质量，过密会使用线量增加、成本提高、面料缝口过硬、舒适性差，且受拉扯时面料极易被扯坏；针距过疏则会使缝口强度降低，服装缝合部位易扒开。有些企业为了提高缝制效率，也会故意将针距调大。

特尖针尖的头部非常尖锐，有利于顺利刺穿面料。

球形针尖在穿刺面料过程中，一般不会刺穿纱线导致纱线断裂，而会把纱线推挤到一边，从纱线的间隙中穿过，从而起到保护面料的目的（表6-7）。

表 6-7 针尖形状与适用面料（参考）

针尖图示	针尖种类	适用面料种类
	普通针尖	使用广泛
	球形针尖	一般用于卡其布、针织布等面料，能避免戳断纱线、形成成衣洞孔
	特尖针尖	一般用于皮革面料，以减少皮革破裂或皱褶现象

二、缝纫线与服装面料

缝纫线是重要的服装辅料，服装必须使用合适且优质的缝纫线，才能达到理想的成品质量。按构成原料分类，缝纫线大致可分为纯棉缝纫线、化纤缝纫线、涤棉缝纫线等，各种缝纫线的用途及优缺点见表6-8。

表 6-8 各种缝纫线与适用面料（参考）

缝纫线种类	优缺点	适用面料
普通棉线	拉伸强度差、表面不光洁	手缝、打线丁等
棉丝光线	强度一般、耐热性好、较光洁、弹性耐磨性较差	纯棉面料、需高温熨烫面料
丝线	光泽、强度、弹性均较好、价格较高	高档丝绸服装、高档呢绒服装、高档毛皮或皮革服装
涤纶缝纫线	条干均匀、表面光洁、强度较大、不会缩水、价格低廉但熔点低、高速缝制易断线、高温熨烫时易收缩	最普及、使用范围最广
锦纶缝纫线	弹性好、耐磨性好	针织内衣、手套、箱包
涤棉缝纫线	综合纯棉缝纫线与化纤缝纫线的优点	适合大部分面料、高速缝合，尤其是厚型棉织物

三、送布牙与面料

为利于送料，送布牙的高度应随面料的厚、薄有所区别。面料厚且硬的，送布牙应调高一些；面料薄且软的，则应调低一些。

送布牙的齿距与面料厚度也有一定的关系，中厚料选用粗齿，薄料选用细齿。如果薄料选用粗齿，面料容易卡入送布牙，导致面料破损。

四、特殊面料的缝制方法

1. 针织面料

针织面料具有极大的弹性和延伸性，因此不能使用普通的缝纫线，应选择弹性较大的涤纶、锦纶或涤纶包芯缝纫线。针织服装的缝制通常用绷缝机与四线、五线拷边机等具有弹性的线迹。机针采用球形针尖，以避免戳断纱线形成破洞。针织面料的卷边性也很严重，面料裁剪好之后应及时缝制，不宜放置过久。

2. 长丝型面料和纱罗类面料

长丝型面料纱线细滑，纱罗类面料织物密度小，均易产生纰裂现象。缝制过程中可以采用来去缝、内外包缝和密拷等方法增加缝份强度，或进行加宽缝份、缝份上浆处理。

3. 雪纺类面料

雪纺类面料是夏季常用衣料，极易产生缝份皱缩现象，形成原因多种多样，常见原因如下：机针粗细与面料厚度不匹配；使用缝纫线与面料性能不匹配；缝制时上下层走势不一致；缝合部位丝绺不一致；缝纫线张力太大。缝制时可以在下面垫薄纸，既减少上下层差动，也能防止缝份皱缩。

4. 丝绒类面料

丝绒类面料特别柔软有弹性，缝制时容易滑动，往往出现上下层走势不均匀或上下层缝份难以对齐现象。因此，高档丝绒服装进行机缝前，往往先用手工进行假缝固定。

⌘ 小花絮——缝纫机的前世今生

"慈母手中线，游子身上衣。临行密密缝，意恐迟迟归。"这是唐代诗人孟郊《游子吟》中脍炙人口的诗句。古时候，衣裳是承载母爱亲情的最佳载体，母亲对子女的爱都灌注在那一针一线中。没有机器，靠的就是一双手。

而随着机器时代的到来，缝纫机的问世，衣裳这一生活必需品的获得变得极为容易。缝纫机的发明被英国当代科学技术史专家李约瑟博士称为"改变人类生活的伟大发明"之一；也有人说，今天时装界的繁荣是靠缝纫机来奠定的，这些话说得一点都不夸张。从18世纪末在纽约世博会上惊艳亮相的胜家牌手摇式缝纫机，到我国20世纪80年代结婚必备三大件之一的脚踏式缝纫机，再到如今的电动迷你式缝纫机（图6-28），缝纫机家族经过一代一代的改革创新，给我们的生活带来了翻天覆地的变化。

  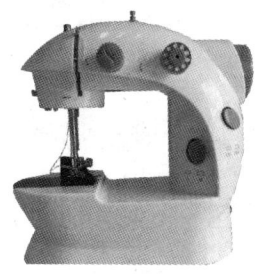

手摇式　　　　　脚踏式　　　　　电动迷你式

图 6-28

流行永远在变,不变的是制造流行的高效武器缝纫机。不可否认,正是高效率的工业缝纫机的研发与推广,才让工业化流水线生产服装成为可能,才有了商场货架上琳琅满目的服装,让我们的生活更加多彩!

练一练

小筱开始缝制毕业设计作品成衣的时候,你能否给她提一些建议,以应对缝制过程中可能碰到的问题?

评一评

项目与标准		☺	☐	☹
课前准备	准备充分			
上课	认真思考,积极发表见解			
课后作业	保质保量,按时独立完成			
掌握情况	理解并掌握相关知识点			

任务五　服装面料与熨烫工艺

任务目标

懂服装面料性能对熨烫工艺的影响。

任务导入

经过小筱和同学的共同努力,终于完成了系列服装的制作。但是她发现,衣服皱巴巴的,有点难看。在指导老师的帮助下,小筱对衣服进行了细致的整烫。看着亲手缝制的衣服变得格外挺括美观,小筱对神奇的熨烫工艺有了浓厚的兴趣。

 想一想

俗话说"三分做,七分烫"。这话有道理吗,还是言过其实?

 学一学

熨烫工艺是服装制作的基础工艺之一,也是服装缝制过程中非常重要的环节。熨烫工艺贯穿服装制作与服装使用的全过程,如面料测试、面料预缩、裁片黏衬、裁片归拔、半成品熨烫、成品整烫、家庭熨烫等,优质的熨烫工艺是服装质量的有力保证。

一、熨烫工艺的作用

服装熨烫是利用织物的可热塑性,达到去皱、整形、造型、定型等目的。

1. 材料测试与预缩

在服装材料使用之前,通过熨烫工艺,测试缩率、色牢度、耐热度等性能,检验材料的质量,为服装生产提供可靠参数。

2. 裁片黏衬与去皱

使用黏合机或其他熨烫设备,在需黏衬部位烫上热熔性黏合衬,使裁片更加平服,黏衬后可降低缝制难度。

3. 裁片归拔与造型

通过推、归、拔等熨烫技巧,塑造裁片的立体效果,使裁片符合人体,并弥补服装结构设计过程中无法处理的细节。

4. 半成品熨烫

又称为小烫,包括在服装缝制过程中,为方便下道工序进行的小部件扣烫(图 6-29)、分缝熨烫(图 6-30)、折边烫等。

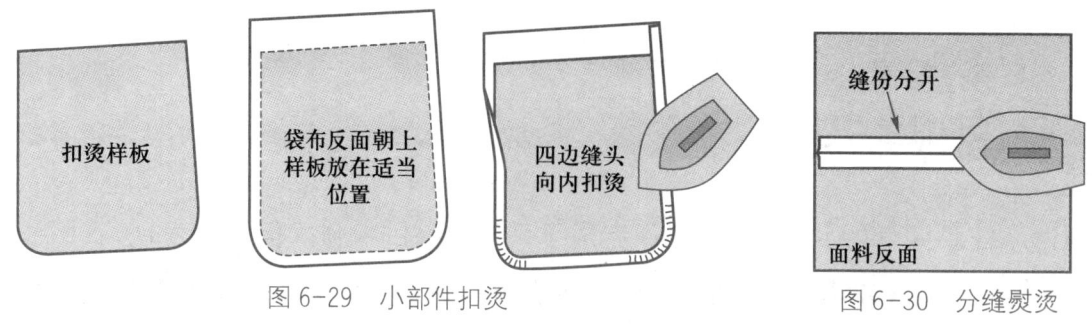

图 6-29　小部件扣烫　　　　　　　图 6-30　分缝熨烫

5. 成品熨烫

又称为大烫,是服装缝制完成后非常重要的一道工序,可以修正缝制过程中产生的部分质量问题,如驳头/领角/袋盖起翘、门襟缉线不顺直、缝合时两侧吃势不匀起吊、省尖"小酒窝"、水花、极光、倒毛倒绒等。

二、熨烫的基本要素

熨烫是对织物进行加湿、加热、加压、去湿冷却的定型工艺过程,不同纤维的面料在熨烫时要选择相应的熨烫温度、湿度、压力、时间和去湿冷却方式。

1. 温度

纤维的耐热性不同,所能承受的熨烫温度也各不相同。如果超过纤维所能承受范围,会烫黄、烫焦织物,合成纤维织物甚至会熔化。温度过高会破坏服装面料,温度过低又不能使纤维变形,达不到熨烫目的。因此必须掌握合适的熨烫温度,才能达到理想的熨烫效果。常见纤维的熨烫温度和注意事项见表 6-9。

表 6-9　常见纤维的熨烫温度和熨烫要点

纤维种类	熨烫温度（℃）	极限温度（℃）	熨烫要点
棉	180～200	240	熨烫难度低,喷水熨烫,深色服装应在反面熨烫
麻	160～200	240	喷水熨烫,褶裥处不宜重压
毛	120～160	210	宜在半干时盖湿布熨烫,以免产生极光,要注意把水分烫干,否则容易变形
丝	120～150	200	宜在半干时从反面盖湿布熨烫,柞蚕丝织物不能喷水熨烫
黏胶	120～160	200	熨烫方法与棉纤维相似
涤纶	140～160	190	喷水盖布熨烫,注意冷却定型过程很重要
锦纶	120～150	170	由于弹性较好,一般不必熨烫,熨烫时注意反面低温熨烫
腈纶	130～150	180	宜盖湿布熨烫,熨烫时间不宜过长,以免引起收缩或极光
维纶	120～150	180	维纶不耐湿热,熨烫时不得喷水或盖湿布,否则会引起收缩

续表

纤维种类	熨烫温度（℃）	极限温度（℃）	熨烫要点
丙纶	90～110	130	丙纶不耐干热，因此不宜熨烫

注：1. 假如服装由多种纤维材料组成，则最高熨烫温度不得超过耐热性最差纤维的适宜温度。
　　2. 缝纫线的耐热性应高于服装面料。

2. 湿度

水分能够使热量快速进入织物内部，缩短加热时间，同时不会因为温度过高而破坏织物。给湿量不是越多越好，如吸湿性极强的毛织物，湿度过高会导致熨烫过程中蒸发慢，即使熨烫时织物被完全烫平，过一会儿在水分的作用下又会恢复原状，从而影响熨烫速度和质量。高档毛织物熨烫时，往往采用盖湿布熨烫法，以控制水分含量。

3. 压力

压力大小要根据面料品种、部位而定。如绒类面料在熨烫时压力不能过大，以免绒毛倒伏形成极光。厚度较大的领角、驳角、门襟止口等部位厚度较大，应用力压烫，使止口变薄，提高服装平整度。

4. 时间

织物导热性较差，热量从外部传导到内部需要一定的时间，因此熨烫过程应持续一定的时间。当然过长的熨烫时间也会导致烫黄烫焦等问题发生。

5. 去湿冷却

湿热的衣物在移动时，仍会发生变形，导致熨烫效果打折。小烫过程中可以采用表面较凉且平整的物体，如镇纸、铁板等，在烫过的地方压一遍，以达到冷却的目的；大烫时则可以采用吸风机抽风冷却。

练一练

测试深色棉布、浅色棉布、麻布、丝绸、精纺呢绒、涤纶等面料的熨烫温度，并按从高到低的顺序填入表6-10。

表6-10　面料熨烫试验

耐热性	面料	超过熨烫温度或长时间熨烫后果
好↓差		

评一评

项目与标准		☺	😐	☹
课前准备	准备充分			
上课	认真思考,积极发表见解			
课后作业	保质保量,按时独立完成			
掌握情况	理解并掌握相关知识点			

项目七　服装洗涤与维护

【项目概述】

洗衣服是最普通的家务活,但不是每个人都"会"洗衣服的。本项目告诉你,怎样正确洗衣服,而不会损坏服装面料;以及怎样正确保管衣服,让服装穿用时间更长久。

本项目包括三个任务,分别是服装标志中的学问、常见纤维类服装洗涤标志、服装日常维护。

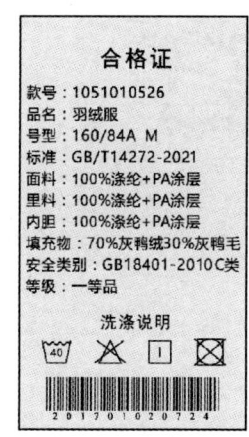

任务一　服装标志中的学问

任务目标

会识别与解释服装标志上的信息内容。

任务导入

所有服装都有吊牌和小标签,如侧缝处的规格与成分标志、后领处的规格标志、上衣内袋处的商标等。小筱觉得这些都没什么用处,尤其是吊牌,衣服一买来就被剪掉了。你也是这样认为的吗?

 想一想

收集服装上的标志或见图 7-1,思考它们的种类和作用。

图 7-1

学一学

规范的服装需要附有正确、完整的标志,这不但是品牌企业的身份证件,也是指导消费者正确地洗涤与维护服装的重要文件。

一、服装标志的种类

1. 吊牌

吊牌(图 7-2),集中了服装的所有信息,主要有以下八个方面的内容:①服装品牌名称/企业名称;②产品名称(条形码);③服装号型或规格;④纤维成分含量;⑤服装洗涤标志;⑥安全技术类别;⑦质量等级;⑧服装执行标准。

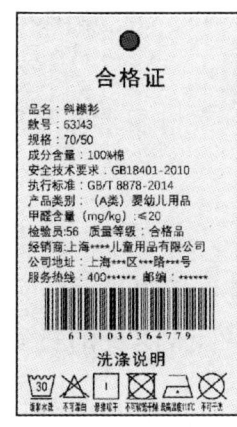 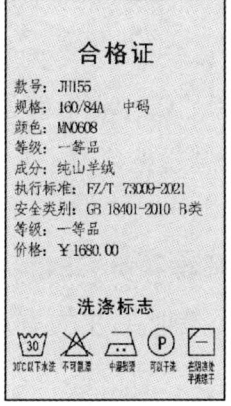 

图 7-2

2. 洗水唛

洗水唛(图 7-3),即服装上的洗涤标志,是固定在服装上的一种耐久性标志,通常对折后固定在服装的左侧缝。在服装使用期间,洗水唛必须始终保持字迹清晰、标志不会脱落。洗水唛上的信息主要有两大类:①纤维成分及含量;②服装洗涤维护方法。

3. 尺码唛

尺码唛(图 7-4),即服装上的规格标志,同样是一种耐久性标志,通常固定在服装的后中央(裤腰后中、后领中央或后背上部中央)。尺码唛上的主要信息是产品号型或规格信息。

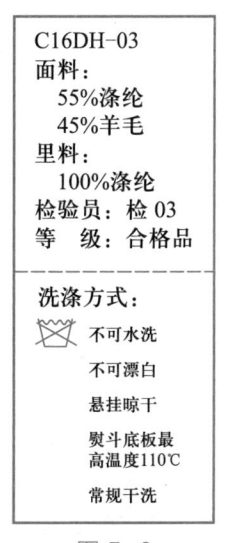 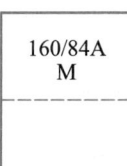

图 7-3　　图 7-4

二、服装标志信息的表示方法

1. 服装号型

服装产品按 GB/T 1335—2008 规定标注"号型"。"号"指人的身高,是设计和选购服装长短的依据;"型"指人的胸围或腰围,是设计和选购服装肥瘦的依据,两者均以"厘米"为单位。"体型代号"以人体的胸围与腰围差数为依据划分为四类:Y、A、B、C(童装无体型代号)。如某女装的号型为 160/84A,则该服装适合身高为 158~162 cm、胸围为 82~85 cm、胸腰差为 14~18 cm 的女子穿着。

除"号型"制外,使用 XS、S、M、L、XL、XXL、XXXL 等系列字母表示服装规格的方法也比较常见,男衬衫还可以用领围规格来代表服装规格。

2. 纤维成分含量

纤维成分含量指组成服装面料的纤维种类,及每种纤维所占的百分比。这是决定服装使用性能的重要指标,也是消费者选购服装时关注的重点之一,以及消费者合理选择洗涤与维护服装方式的重要参考。

国家技术监督局颁布的 GB 5296.4—2012《消费品使用说明 第 4 部分:纺织品和服装》,规定了对纤维含量的标注方法。

① 由同一种纤维原料制成的纺织品或服装,在纤维名称前或后加"100%""纯"或"全"等,见例 1。

例 1: | 100% 棉 | 或 | 纯棉 | 或 | 全棉 |

② 由两种或两种以上的纤维加工制成的纺织品和服装(纤维实际含量与数字误差可在 3% 范围内),按照含量递减的顺序,列出每种纤维的名称,并在每种纤维名称前列出该种纤维占产品总体含量的百分率。含量相同情况下,按天然纤维、合成纤维、再生纤维依次排序,见例 2。

例 2: | 88% 锦纶 / 12% 黏纤 | 或 | 40% 羊毛 / 40% 涤纶 / 20% 黏纤 |

③ 纤维含量不足 5%,可列出该纤维名称和含量,见例 3;也可集中标注为"其他纤维"字样和这些纤维含量的总量,见例 4。

例 3: | 50% 黏纤 / 46% 涤纶 / 4% 羊毛 | 例 4: | 50% 黏纤 / 46% 涤纶 / 4% 其他纤维 |

④ 由底组织和绒毛组织组成的纺织品和服装,应分别标注每种纤维的含量,或分别标明绒毛和基布中每种纤维的含量,见例 5。

例5：
```
绒毛：100% 人造丝
基布：100% 桑蚕丝
```

⑤ 有里料的纺织品和服装，应标明里料的纤维含量，见例6。

例6：
```
面料：85% 羊毛 20% 涤纶
里布：100% 醋酯
```

⑥ 含有填充物的纺织品和服装，应标明填充物的种类和含量，羽绒填充物应标明含绒量和充绒量，见例7。

例7：
```
面料：100% 涤纶
里料：100% 涤纶
大身填充物：白鸭绒（含绒量：90% 鸭绒 10% 羽毛）
充绒量：140g
```

⑦ 由两种或两种以上不同质地的面料构成的单件纺织品和服装，应分别标明每部分面料的纤维名称及含量，见例8。

例8：
```
前片：桑蚕丝 100%
其余：黏胶 100%
```

3. 服装洗涤标志

衣服洗涤方式同样是一个重要的问题，因为正确的洗涤方法会让衣物亮丽如新，而不当的洗涤方法会损伤甚至损坏衣物。所以服装洗涤标志必须能够让普通消费者一看就懂，同时服装洗涤标志必须制成耐久性标志附着在服装上。GB/T 8685—2008《纺织品 维护标签规范 符号法》规定了标志和图形符号的规范，包括水洗、干洗、漂洗、干燥、熨烫等符号与标志，见表7-1。

表7-1 水洗、干洗、漂洗、干燥、熨烫类标志

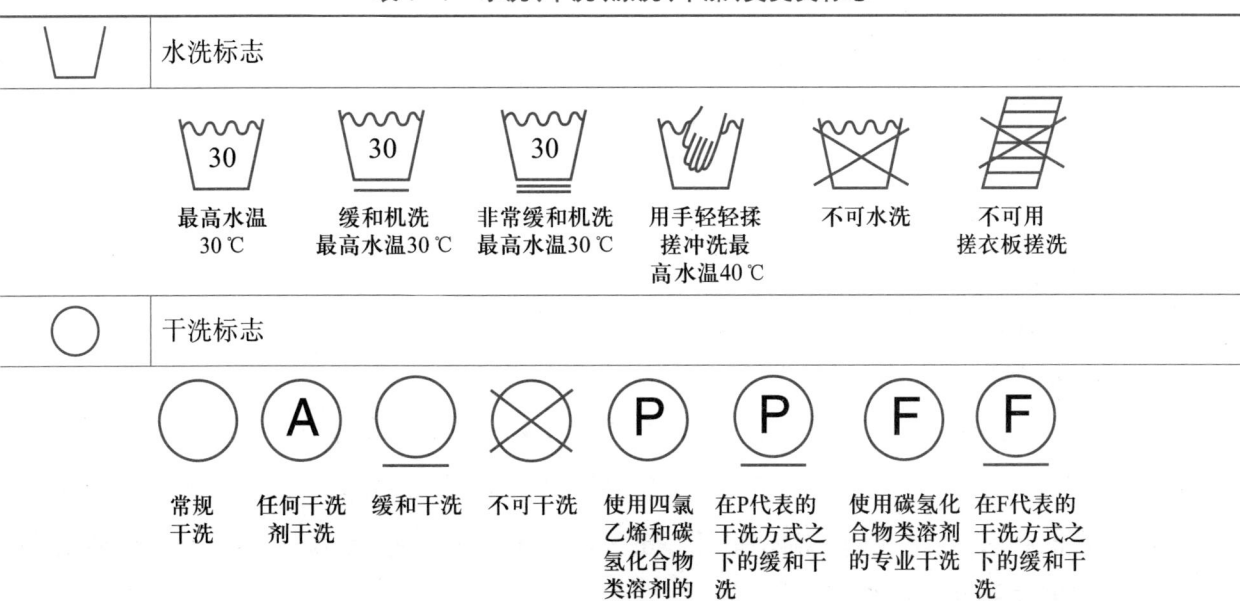

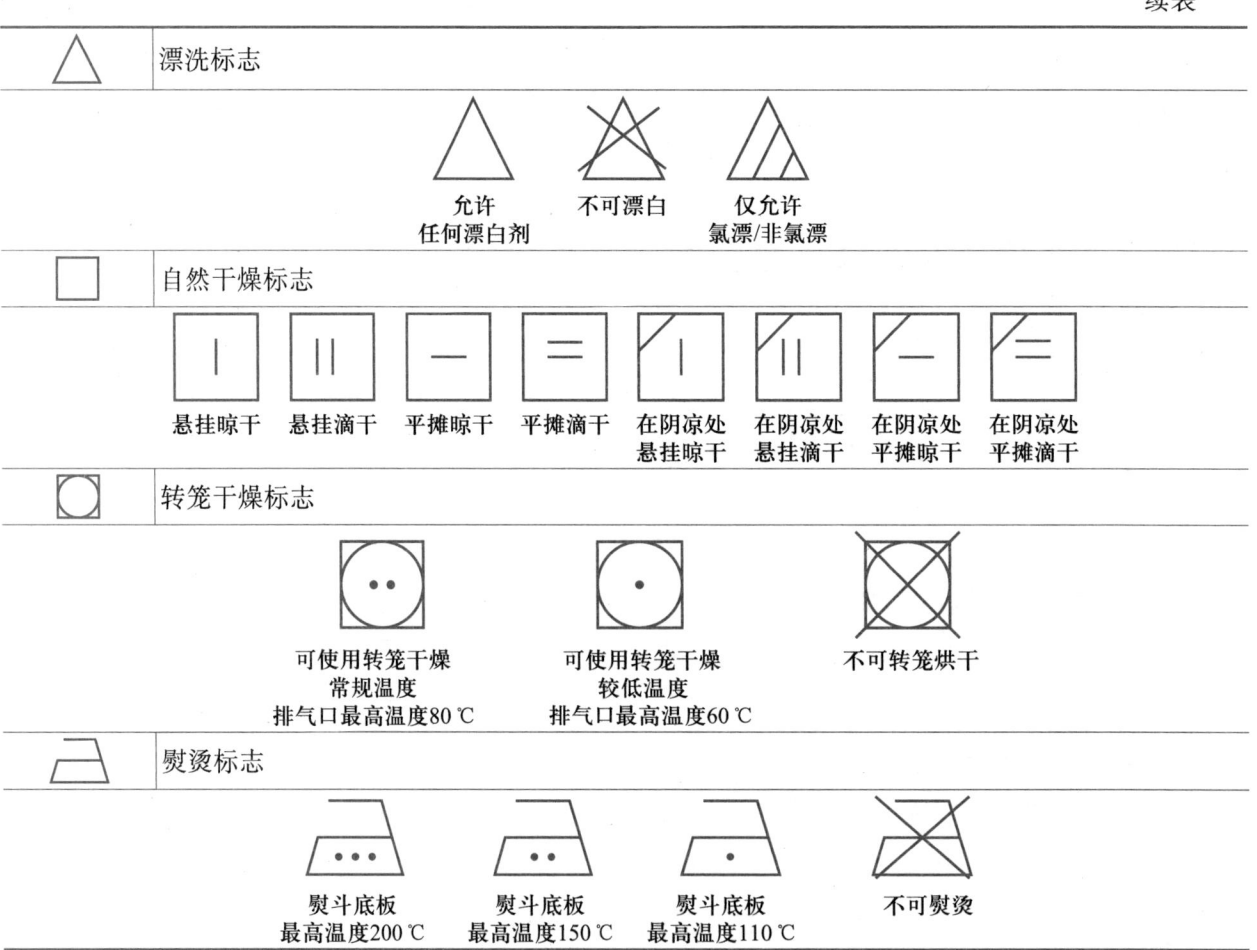

4. 安全技术类别

国家强制性标准GB 18401—2010《国家纺织产品基本安全技术规范》,把所有我国境内生产、销售的服用、装饰用和家用纺织产品包含在内,并分为三大类:A类——婴幼儿纺织产品;B类——直接接触皮肤纺织产品;C类——非直接接触皮肤纺织产品。该标准对甲醛含量、pH、染色牢度、异味、可分解致癌芳香胺染料五项指标作出了详细的规定。例如购买婴幼儿贴身衣物,必须选择甲醛含量低于20 mg/kg的A类纺织品,避免婴幼儿细嫩的皮肤受到超标残留物的刺激而影响健康。

5. 质量等级

一般分为优等品、一等品、合格品等。

6. 服装执行标准

不同的产品执行标准编号也不同,产品名称与执行编号一定要对应。国家及行业颁布了多种推荐性或强制性执行标准,如GB/T 2660—2017《衬衫》是国家推荐标准,FZ/T 81006—2017《牛仔服装》是行业推荐标准,GB 5296.4—2012(消费品使用说明 第4部分:纺织品和服装)是国家强制执行标准。

小花絮——神秘又无处不在的ISO

我们经常会看到商品上标注有"企业通过 ISO 9001 质量管理体系认证"的字样。什么是 ISO 呢？国际标准化组织（International Organization for Standardization，ISO）简称 ISO，是一个全球性的非政府组织。国际标准化组织的宗旨是：在世界范围内促进标准化工作的开展，以利于国际物资交流和互助，并扩大知识、科学、技术和经济方面的合作；主要任务是：制定国际标准，协调世界范围内的标准化工作，与其他国际性组织合作研究有关标准化问题。小到我们目前常用的 A4 纸尺寸，大到集装箱规格，都是由国际标准化组织统一并发布的。

除国际标准之外，《中华人民共和国标准化法》将中国标准分为国家标准（GB）、行业标准（如 FZ 是纺织行业标准，QB 是轻工业行业标准）、地方标准（DB）、企业标准（Q/）四级，分别由国务院、行业相关行政主管部门、省自治区直辖市和企业制定。行业标准和地方标准均为国家标准的补充，须报上一级行政主管部门备案。企业生产的产品没有前述标准的，应当制定企业标准，作为组织生产的依据，须报当地政府相关部门备案。国家也鼓励企业制定高于国家标准或行业标准的企业标准，在企业内部适用。

练一练

指出图 7-5 中纤维成分含量标注错误之处，并订正。

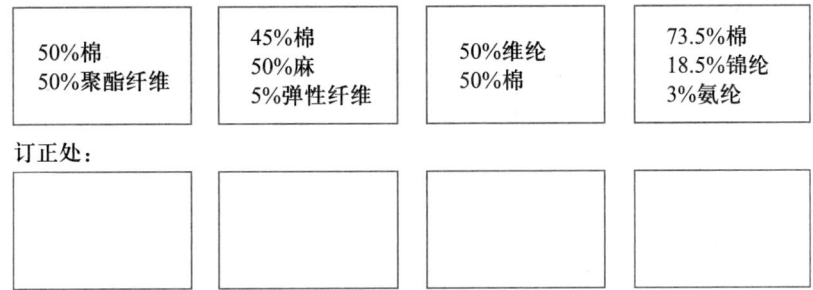

图 7-5 错误的纤维成分含量标注及订正

搜一搜

搜集至少五种服装或纺织类执行标准和五种其他标准，并填入表 7-2。

表 7-2 服装/纺织类执行标准和其他类标准

序号	服装类标准			其他类标准		
	标准名称	针对项目	标准等级	标准名称	针对项目	标准等级
1						

续表

序号	服装类标准			其他类标准		
	标准名称	针对项目	标准等级	标准名称	针对项目	标准等级
2						
3						
4						
5						

评一评

项目与标准		☺	😐	☹
课前准备	准备充分			
上课	认真思考,积极发表见解			
课后作业	保质保量,按时独立完成			
掌握情况	理解并掌握相关知识点			

任务二　常见纤维类服装洗涤标志

任务目标

掌握常见纤维类服装上使用的洗涤标志，会根据面料品种和服装品类制作相应的服装标志。

任务导入

小筱路过一家干洗店的时候，看到一位顾客拿着一件衣服与干洗店员工争论。小筱很好奇，洗衣服还能有什么纠纷呢？走进去才知道，顾客拿去干洗的衣服被染上了别的颜色。虽然干洗店答应重洗一遍，但是重洗之后难看的斑点仍在。小筱想，掌握正确合理的洗涤方式，也是非常重要的！正确的洗涤方式不但能更好地洗净衣物，更能保护衣物、延长衣物的穿着寿命。

 想一想

想一想，棉麻类服装与丝毛类服装能使用同一种洗涤方法吗？

棉麻类纤维属于纤维素纤维，耐碱不耐酸；丝毛类纤维属于蛋白质纤维，耐酸不耐碱，两者的化学性能完全不同。而且丝毛类服装都比较高档，更要采用正确的洗涤方式。

 学一学

一、棉质服装洗涤标志

棉纤维纤细柔软、吸湿性好，长时间日晒易变黄。棉制服装穿着舒适，但是抗皱性较差，服装易折皱。棉织物染色性好，颜色鲜艳，但遇热水易褪色。棉制服装保存过程中还容易受潮发霉，但不会虫蛀。

根据棉纤维的性能特点，适宜制作的服装有裙装、衬衫、内衣、运动服、休闲裤、童装等。除内衣是贴身衣物，应尽量避免干洗剂残留物对皮肤的不良影响，不能干洗之外，其他棉质服装常规选用的洗涤标志见图7-6。

图7-6

二、麻质服装洗涤标志

麻纤维吸湿性好,穿着透气凉爽不贴身,是制作夏季衬衫、裙装、裤装的理想衣料,缺点是弹性较差,极易折皱。麻纤维较粗硬,纤维间抱合力差,洗涤时不宜用力搓或刷子刷洗,晾晒时不宜用力拧,否则表面易起毛,从而影响服装外观和牢度。麻质服装常规选用的洗涤标志见图 7-7。由于新标准中没有相关符号,因此必要时可用文字"不可甩干或拧绞"补充说明。

图 7-7

三、毛料服装洗涤标志

羊毛纤维具有良好弹性、耐磨性、保暖性、吸湿透气性、染色性等,适宜制作挺括大方的外套类服装,如西服、夹克、风衣、大衣等,缺点是耐碱性差,洗涤时应使用中性洗涤剂或专用的丝毛洗涤剂,还要注意防止发生"缩绒"。在湿、温条件下反复揉搓羊毛织物会产生缩绒现象,这是羊毛纤维特有的性能,发生缩绒后的羊毛服装尺寸变小、面料变厚、变硬,且发生反应后不可逆。因此毛料服装洗涤时应尽量避免水洗。另外,毛料服装为保持挺括造型,在缝制时通常会添加各种衬料,如大身衬、挺胸衬等,水洗必然导致衬料收缩,衬料种类不同缩水率各不相同,因此水洗后的毛料服装极易起皱、黏衬起壳。这也是毛料服装不能水洗的原因之一。

机织毛料服装(包括有衬里的针织毛料服装)常规选用的洗涤标志见图 7-8。毛料服装熨烫时容易起极光,因此必要时可用文字"建议蒸汽盖布熨烫"补充说明。

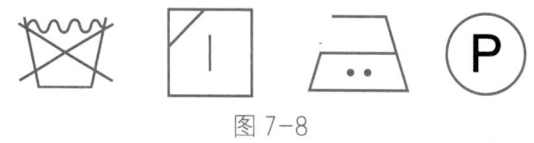

图 7-8

无衬里的针织毛料服装(包括羊毛衫)可水洗,常规选用的洗涤维护标志见图 7-9。但由于耐碱性差,水洗时同样应使用中性洗涤剂或专用的丝毛洗涤剂。羊毛衫洗涤与悬挂晾晒容易变形,必要时可用文字"使用水洗网""建议蒸汽盖布熨烫"等补充说明。

图 7-9

四、丝质服装洗涤标志

丝纤维质地轻盈柔软、细腻光滑,适宜制作夏季裙装、衬衫、晚礼服、高档家居服、旗袍等,但它是天然纤维中最娇气的纤维,洗涤与维护要求很高。丝纤维耐碱性很差,必须使用中性洗涤剂或专用的丝毛洗涤剂。丝纤维耐盐性很差,受汗水浸渍后必须及时洗涤,否则极易发黄,失去原有的光泽。丝纤维的耐日光性也很差,不能在阳光下晾晒。丝质服装常规选用的洗涤标志见图 7-10。

图 7-10

> 知识卡——耐酸性与耐碱性
>
> 耐酸性与耐碱性分别指面料对酸和碱的抵抗能力,面料耐酸碱性取决于纤维本身的成分。
>
> 棉麻纤维和黏胶纤维都是纤维素纤维,耐碱性好,耐酸性较差。棉麻纤维还能利用氢氧化钠溶液进行丝光处理。
>
> 丝毛纤维和再生蛋白质纤维都是蛋白质纤维,耐酸性好,因此羊毛面料可以使用酸性染料进行染色并制作防酸工作服。丝毛耐碱性极差,不能使用含碱性物质的普通洗衣粉或洗衣皂洗涤。
>
> 合成纤维的耐酸碱性各有特点,总体能力强于天然纤维和再生纤维。
>
> 利用纤维耐酸碱性不同的特性,既可以用来鉴别纤维的成分,也可以制作具有独特风格的织物,如丝光棉、烂花布、涤纶仿真丝绸等。

五、粘胶纤维服装洗涤标志

粘胶纤维用途较广,长丝黏胶织物称为人造丝,可用于织造美丽绸或与真丝交织;短纤维织物称为人造棉,手感柔软、悬垂性好,是夏季常用低档衣料之一;短纤维与涤纶、羊毛等的混纺面料可用于制作外套。黏胶纤维最大的弱点是湿态强度低,洗涤时不宜在水中浸泡过长时间,而应随浸随洗。洗涤时也不能用力揉搓,防止在洗涤过程中损坏衣物。颜色较深的黏胶服装尽量单独洗涤,以防止掉色后沾染别的服装。黏胶服装常规选用的洗涤标志见图 7-11。

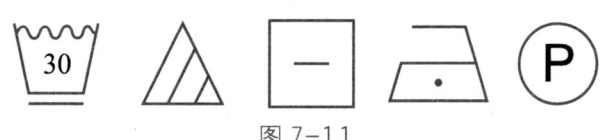

图 7-11

> 知识卡——断裂强度
>
> 断裂强度指纤维所能承受的最大拉伸力,纤维性能是决定纤维断裂强度的关键因素。天

然纤维的断裂强度从高到低分别为：麻、蚕丝、棉、羊毛；化学纤维的断裂强度从高到低分别为：锦纶、涤纶、维纶、腈纶、黏胶，而且锦纶的断裂强度高于麻纤维。

在湿润状态下，除维纶之外的合成纤维由于几乎不吸湿，干、湿强度几乎没有变化。天然纤维和再生纤维的强度会发生变化，如棉、麻湿纤维的断裂强度略有上升，而黏胶纤维的湿强为干强的50%左右，利用这一纤维特性，可以使用手感目测法区分纯棉纤维和黏胶仿棉型纤维。为提高黏胶纤维的湿态断裂强度，还研制开发了与黏胶纤维相似的富强纤维，湿强能达到干强的70%～80%。

六、涤纶纤维服装洗涤标志

涤纶纤维弹性、抗皱性、耐磨性和强度均较好，具有良好的保型性，缺点是吸湿透气性、抗熔孔性和抗起毛起球性差。涤纶纤维具有易洗、快干、免烫的优点，并能仿棉、仿麻、仿毛、仿丝，适应范围极广，是化学纤维中使用量最大的品种。但部分涤纶服装由于染色工艺等因素影响，水洗色牢度、摩擦色牢度均较低。涤纶服装常规选用的洗涤标志见图7-12。

图7-12

七、锦纶纤维服装洗涤标志

锦纶纤维强度高、弹性好、耐磨性好，且质地轻盈，是运动服、羽绒服的首选面料，缺点是耐热性、抗皱性和保型性较差。锦纶服装常规选用的洗涤标志见图7-13。

图7-13

八、其他特殊面料服装的洗涤与熨烫要点

（1）洗涤前应拆卸如毛领、皮带等材质与服装主体不同的服装部件。使用洗衣机洗涤时，尽量拆卸拉链头等金属件。

（2）颜色深浅差别较大的服装不能一起洗。

（3）钉珠、饰钻类服装不能机洗，应翻面后小心手洗。

（4）植绒、绣花、胶印类服装宜缓和机洗。

（5）丝绒类面料不能机洗或用力揉搓，也不能用熨斗在正面压烫。

（6）真丝织物湿态抗皱性差、多次熨烫容易发黄，因此真丝服装晾晒前应带水抖直，晾至半干时抚平整形，尽量减少晾干后的熨烫次数。

（7）柞蚕丝织物喷水熨烫易产生水渍，熨烫时只能干烫。

（8）香云纱面料表面有涂层，为避免涂层脱落，洗涤时使用少量中性洗涤剂，短时间浸泡后，轻轻揉搓并漂洗干净。

（9）浮纱较长的缎纹类面料，应翻面后洗涤，不能与其他粗糙的面料同时洗涤，也不能用刷子刷洗以防止起毛。

（10）羽绒服必须水洗，而且是手洗，且不能熨烫。由于内部填充的羽绒也是蛋白质纤维，因此不能使用碱性强的肥皂或普通洗衣粉。机洗和甩干都会使羽绒集中在一侧，导致填充物厚薄不均匀，影响外形和保暖性。羽绒服洗好后，将水分挤出、挂起，晾至半干和全干时，均需轻轻拍打，使羽绒恢复膨松状态，同时防止黏结在一起的羽绒团内残留水分、不易晾干。

知识卡——染色牢度

面料上的颜色需有一定的持久性，不容易褪色。染色牢度是指印染面料的颜色经过日晒、皂洗、摩擦、熨烫、汗渍、刷洗等物理化学作用后的褪色程度，是衡量染色产品质量的重要指标。染色牢度与纤维种类、纱线结构、织物组织、印染方法、染料种类、外界作用力大小有关。染色牢度检测项目繁多，主要有耐日晒牢度、耐气候牢度、耐汗渍牢度、耐皂洗牢度、耐干湿摩擦牢度等。耐日晒牢度分为八级，其中一级最差，八级最好；其他均分为五级，一级最差，五级最好。

目前主要根据服装产品的最终用途及产品标准来确定检测项目，如呢绒服装、真丝服装必须检测日晒牢度；针织内衣必须检测汗渍牢度；户外服装、遮阳布、帐篷必须检测耐气候牢度；童装必须检测摩擦牢度等。

练一练

为一款牛仔裤设计一套标志，包括吊牌、洗水唛和尺码唛，并填入图7-14。

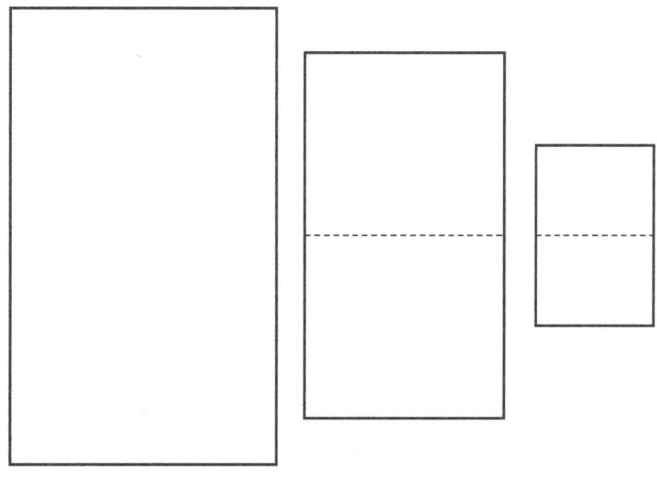

图7-14 牛仔裤标志设计

 找一找

收集一些吊牌、洗水唛等,运用所学知识,说一说它们有否错误。

 评一评

项目与标准		☺	😐	☹
课前准备	准备充分			
上课	认真思考,积极发表见解			
课后作业	保质保量,按时独立完成			
掌握情况	理解并掌握相关知识点			

任务三　服装日常维护

任务目标
懂得常见服装的日常维护方法。
任务导入
　　小筱的家乡四季分明,夏天炎热潮湿,冬季寒冷干燥。每年换季的时候,小筱妈妈总会为诸如贵重的纯羊毛大衣被蛀了个洞,或心爱的衬衫长了霉斑等懊恼。小筱认识到,正确地保存服装和维护服装是家里重要的日常工作之一。

 想一想

家里的衣服大多是由哪种纤维材料所组成? 又是怎样保存的?

 学一学

　　阳光中的紫外线、空气中的水分对大部分服装都有不同程度的影响,因此几乎所有的服装晾晒时都不能在阳光下长时间曝晒,保存时都必须避光、并做好防潮处理,雨季过后必须拿出来晒一晒。当然,不同纤维原料制成的服装,在维护时必须根据成分标志,区别对待。

一、棉麻类服装维护

　　棉麻服装收藏前,要清洗干净并晾干,不能留下水分和污渍,尤其是油渍。收藏时折叠平整后用塑料袋密封,避免存放在潮湿、闷热环境中,否则容易霉变。

二、羊毛类服装维护

　　收藏前必须清洗干净并晾干,针织类服装挂装容易变形,必须折叠平整后装袋,并放入防蛀剂。注意防蛀剂不能与服装直接接触,可以事先用纸巾、碎布等包裹。机织类服装在内袋中放入防蛀剂,外罩塑料袋、采用挂装,以保持挺括状态。

　　羊毛具有良好的缓弹性变形能力,羊毛类服装穿着时间不宜过长,一般穿着7天左右就应换下,给予服装充分休息和自然回复的时间,避免纤维因过度疲劳导致无法自然回复。

　　针织类羊毛衫内穿时,应搭配具有光滑细腻里布的外套,内袋不要装硬物,内部标志不能太硬,以免局部摩擦起毛起球。

三、真丝类服装维护

真丝类面料大多为缎纹织物,极易勾丝而损坏面料,因此穿着时不要与表面粗糙的家具或其他物体接触,如边角破损毛糙的凳面、质地粗硬的沙发等,以免被勾挂和摩擦起毛。

真丝类面料遇香水容易留下斑渍,不要直接向真丝服装喷洒香水。

真丝类面料同样要防虫防蛀。

四、再生纤维类服装维护

黏胶类服装易磨损、变形,洗净晾干后宜叠放不宜挂装,粘胶纤维的吸湿性仅次于羊毛,收藏时要做好防潮工作。

天丝纤维适宜阴干,不宜拧干。

竹纤维具有抗菌作用,防霉性好,洗净后保存简单方便。

五、合成纤维类服装维护

合成纤维吸湿性差,具有易洗快干的优点,且不霉不蛀,易于保管。与其他纤维混纺或交织时,应以其他纤维的维护方法为准。例如涤纶类服装不易虫蛀,但与羊毛纤维混纺后,同样需要放置防虫剂。

六、裘皮类服装维护

裘皮类服装很娇贵,保存要求较高,除做好防潮防虫工作之外,还要注意不能折叠或上面堆放其他物品,避免折坏面料,留下不可去除的痕迹。不宜使用塑料袋密封,要多次、短时晾晒。

七、羽绒类服装维护

羽绒服体积较大,保存时可放入密封塑料袋,并用吸风设备把空气吸干。形成近似真空状态后,空气中的水分也被吸走,能够起到良好的防霉防皱作用。

✂ 练一练

请向家人普及正确的服装洗涤与维护知识。

 评一评

项目与标准		☺	😐	☹
课前准备	准备充分			
上课	认真思考,积极发表见解			
课后作业	保质保量,按时独立完成			
掌握情况	理解并掌握相关知识点			

本书知识点

项目一

抗皱性、弹性与保型性　　　　5
短纤维与长丝　　　　　　　　6
手感目测法鉴别纤维　　　　　6
燃烧法鉴别纤维　　　　　　　7
捻向配置对织物风格的影响　11
光泽　　　　　　　　　　　14

项目二

TOP 原则　　　　　　　　　17
棉型面料　　　　　　　　　23
松紧　　　　　　　　　　　24
隐形拉链　　　　　　　　　26
免烫整理与丝光处理　　　　30
麻型面料　　　　　　　　　31
拉链　　　　　　　　　　　36
纽扣　　　　　　　　　　　40
里料的作用和种类　　　　　45
服装填料　　　　　　　　　46
保暖性　　　　　　　　　　46

项目三

毛型面料　　　　　　　　　55

全毛、混纺、仿毛面料识别　55
服装衬料　　　　　　　　　56
丝型面料　　　　　　　　　60
刚柔性与悬垂性　　　　　　62
真丝与仿真丝面料识别　　　63
烂花布　　　　　　　　　　63
丝型面料的种类　　　　　　65

项目四

童装的前世今生　　　　　　72
儿童服装安全　　　　　　　76
《国家纺织产品基本安全技术规范》　77
针织物组织　　　　　　　　82
羊绒　　　　　　　　　　　83
耐磨性　　　　　　　　　　84

项目五

运动装的功能性　　　　　　87
氨纶弹力面料　　　　　　　96
缀片、珠子　　　　　　　　98
登山服着装方式和面料特点　103
印花　　　　　　　　　　　109

项目六

色差 114

常见面料缩水率 126

项目七

耐酸性与耐碱性 149

断裂强度 149

染色牢度 151

参考文献

［1］邢声远. 服装面料简明手册 [M]. 北京：化学工业出版社，2012.

［2］吴微微. 服装材料学·应用篇 [M]. 2版. 北京：辽宁大学出版社，2016.

［3］朱松文，刘静伟. 服装材料学 [M]. 5版. 北京：中国纺织出版社，2015.

［4］周璐瑛，王越平. 现代服装材料学 [M]. 2版. 北京：中国纺织出版社，2011.

［5］吴载福. 服装企业面料应用与管理 [M]. 上海：东华大学出版社，2011.

郑重声明

高等教育出版社依法对本书享有专有出版权。任何未经许可的复制、销售行为均违反《中华人民共和国著作权法》，其行为人将承担相应的民事责任和行政责任；构成犯罪的，将被依法追究刑事责任。为了维护市场秩序，保护读者的合法权益，避免读者误用盗版书造成不良后果，我社将配合行政执法部门和司法机关对违法犯罪的单位和个人进行严厉打击。社会各界人士如发现上述侵权行为，希望及时举报，我社将奖励举报有功人员。

反盗版举报电话　（010）58581999　58582371

反盗版举报邮箱　dd@hep.com.cn

通信地址　北京市西城区德外大街4号　高等教育出版社法律事务部

邮政编码　100120

读者意见反馈

为收集对教材的意见建议，进一步完善教材编写并做好服务工作，读者可将对本教材的意见建议通过如下渠道反馈至我社。

咨询电话　400-810-0598

反馈邮箱　zz_dzyj@pub.hep.cn

通信地址　北京市朝阳区惠新东街4号富盛大厦1座
　　　　　高等教育出版社总编辑办公室

邮政编码　100029

防伪查询说明

用户购书后刮开封底防伪涂层，使用手机微信等软件扫描二维码，会跳转至防伪查询网页，获得所购图书详细信息。

防伪客服电话

（010）58582300

学习卡账号使用说明

一、注册/登录

访问http://abook.hep.com.cn/sve，点击"注册"，在注册页面输入用户名、密码及常用的邮箱进行注册。已注册的用户直接输入用户名和密码登录即可进入"我的课程"页面。

二、课程绑定

点击"我的课程"页面右上方"绑定课程"，在"明码"框中正确输入教材封底防伪标签上的20位数字，点击"确定"完成课程绑定。

三、访问课程

在"正在学习"列表中选择已绑定的课程，点击"进入课程"即可浏览或下载与本书配套的课程资源。刚绑定的课程请在"申请学习"列表中选择相应课程并点击"进入课程"。

如有账号问题，请发邮件至：4a_admin_zz@pub.hep.cn。